网络信息安全与防护策略研究

■ 吴国庆 著

中国原子能出版社

图书在版编目（CIP）数据

网络信息安全与防护策略研究 / 吴国庆著 ． -- 北京：
中国原子能出版社，2021.12
ISBN 978-7-5221-1621-1

Ⅰ．①网… Ⅱ．①吴… Ⅲ．①计算机网络—信息安全
—研究 Ⅳ．① TP393.08

中国版本图书馆 CIP 数据核字（2021）第 195655 号

网络信息安全与防护策略研究

出版发行	中国原子能出版社（北京市海淀区阜成路 43 号　100048）
责任编辑	徐　明
责任印制	赵　明
印　　刷	天津和萱印刷有限公司
经　　销	全国新华书店
开　　本	787 mm×1092 mm　　　1/16
印　　张	11.25
字　　数	205 千字
版　　次	2023 年 1 月第 1 版　　　2023 年 1 月第 1 次印刷
书　　号	ISBN 978-7-5221-1621-1　　　定　价 40.00 元

前　言

经济的快速发展，推动了计算机网络技术的发展与进步。现今，计算机网络技术已被广泛应用于人们的生活与学习中。计算机网络技术的发展为人们工作与生活带来便利的同时网络安全问题也引起了社会各界、专业技术人员的高度重视。而对计算机网络信息安全造成威胁的原因主要有计算机缺乏完善的防护设备，无法抵挡自然灾害与恶劣环境的破坏；黑客的恶意攻击会导致计算机网络瘫痪、重要数据消失给政府和相关企业带来经济损失；计算机网络病毒侵袭，降低系统工作效率。针对计算机网络信息中存在的众多隐患问题，需要制定计算机网络信息安全防护策略，通过加强用户账号安全、安装防火墙和杀毒软件、漏洞补丁程序的及时安装，减少网络信息安全故障的发生，从而促进计算机网络的快速发展。

本书共七章。第一章为绪论，主要阐述了网络信息安全概述、网络信息的安全需求、网络信息安全的起源与发展、网络信息安全的基本功能、网络信息安全的基本规则、网络信息安全面临的挑战等内容；第二章为网络信息安全的体系架构，主要阐述了网络信息安全的保护机制、网络安全体系结构的内容、网络安全体系模型和架构等内容；第三章为网络信息安全与对抗理论，主要阐述了网络信息系统安全对抗概述、网络信息安全与对抗发展历程、网络信息安全问题产生的根源、全球主要国家网络空间信息安全战略等内容；第四章为网络信息安全的攻击行为，主要阐述了影响网络信息安全的人员、网络攻击的层次、网络攻击的步骤和手段、网络防御与信息安全保障等内容；第五章为网络信息安全的基本技术，主要阐述了防火墙技术、入侵检测技术、计算机病毒防范技术、数据库与数据安全技术等内容；第六章为网络信息安全与防护策略，主要阐述了网络信息安全中的数据加密技术、大数据时代的网络信息安全问题、计算机网络信息安全及防护策略等内容；第七章为网络信息安全评价与监管，主要阐述了网络信息安全评价和网络信息安全监管等内容。

为了确保研究内容的丰富性和多样性，在写作过程中参考了大量理论与研究文献，在此向涉及的专家学者们表示衷心的感谢。

最后，限于作者水平存在不足，加之时间仓促，本书难免存在一些疏漏，在此，恳请同行专家和读者朋友批评指正！

作　者

2021 年 1 月

目　录

第一章 绪 论

互联网在出现起便一直处在快速发展状态，而近年来网络信息技术也实现了快速发展，信息产业在国民经济中所占据的比例持续上涨，信息成为社会发展中的关键要素之一，随之信息安全问题越来越受到关注。本章分为网络信息安全概述、网络信息的安全需求、网络信息安全的起源与发展、网络信息安全的基本功能、网络信息安全的基本规则、网络信息安全面临的挑战六部分。主要内容包括：网络信息安全的概念、网络信息安全的类型、网络信息安全的特点、业务需求与技术等方面。

第一节 网络信息安全概述

一、网络信息安全的概念

（一）信息安全

1. 信息安全的概念

信息是一种客观存在的资源，涉及包括政治、经济、文化在内的所有领域，信息可以给人类带来源源不断的经济效益和社会效益，信息的传播与社会的发展是密切相关的。

安全是指将最大限度地降低信息所面临的脆弱性。同样，信息安全即通过保护整个信息系统或其他信息网络环境中的所有信息资源不被侵害、抵御受到任何其他各种形式的威胁、扰动、更改、泄漏和破坏，信息传播不中断，系统工作正常运行等，最终实现了对信息传播及其保存的安全性。

2. 信息安全的特性

（1）信息的保密性。

信息的保密性也可以称为安全机密性。可以由身份识别、脸部识别、访问和控制、信息加密和安全通信协议等多种技术来实现，其所强调的关键词是信息只能被授权给一个具体特定授权对象使用，非授权对象无权使用。

（2）信息的有效性。

信息的有效性也称为真实性，是指某种信息资源可被授权实体按要求访问、正常使用或在非正常情况下能恢复使用的特性。在确保系统正确运行时，正确存取必要的信息，当系统遇到意外攻击或破坏时，就可以迅速恢复。它是衡量网络信息系统面向用户的一种安全性能，以保障为用户提供更好的服务。有效性适用于用户、过程、系统和信息之类的实体。

（3）信息的完整性。

信息的完整性是指信息在交换、传输、存储和最后处理的过程中，保持信息不被修改或破坏、不丢失和信息未经授权不能改变的特性，保护信息及处理方法的准确性，也是最基本的安全特征。

（4）信息的可控性。

信息的可控性是指对于一个网络系统和其信息在传递的范围及其所处的存放空间内具有可控制性，被授权的实体一旦需要就能进行访问并使用，对于网络系统和其信息传递的控制功能具有实际意义。

（5）所寄生系统的安全性。

所寄生系统的安全性是指系统或其软件产品必须遵循相关的信息安全性标准、约定或规章法律以及类似的规定。所寄生系统的安全性主要是强调信息系统边界的防护，构筑信息安全的外部防护"堤坝"，从而隔绝非法请求获取信息资源。

其中，保密、完整和有效是目前我国信息安全最为重要的三个根本属性，简称为 CIA。

（二）网络信息安全

1. 网络信息安全的概念

网络信息安全是指采取科学、有效的手段，有效保护操作系统的软件、硬件，进而使网络信息不被偶然因素和恶意手段所窃取，从而确保网络信息安全的有序进行。

因此，网络和现代信息安全技术研究仍然是一个由传统网络和现代信息技术相结合而形成的一门交叉研究科学，涉及面广，涵盖计算机安全科学、网络安全技术、通信安全技术、密码安全技术、信息安全管理技术、应用网络数学理论、信息安全理论等多种相关学科，是一门新型综合性研究学科。它的主要功能就是保证系统的重要硬件、软件和操作系统内部的整个数据系统免于遭受任何损害、更改或泄漏，系统连续可靠地运行，网络服务不中断。

2. 网络信息安全的特性

（1）保密性。

网络信息安全的保密性是指信息不会泄露给非授权用户、实体，或供其利用的特性。保密性是在安全性和可用性的基础之上，确保网络信息安全的重要方法。保密技术当前可以划分物理保密、防窃听、防辐射和信息加密几大类。

①物理保密。将网络信息利用各种物理网络技术加密的方法，如限制、隔离、掩蔽、控制等措施，确保不泄露信息。

②防窃听。使对手侦测不到有用的网络信息。

③防辐射。防止有用信息以各种途径辐射出去。

④信息加密。是指在密钥的控制下，用加密算法对信息进行加密处理。即使对手得到了加密后的信息也会因为没有密钥而无法读懂有效信息。

（2）可使用性。

网络信息安全的可使用性是指信息能够被授权访问，而且依照需求被使用的特性。也就是能否存取所需信息的一种功能性特质。信息资源在需要时就能够被调职使用，不因系统故障或误操作等使信息资源丢失、妨碍对信息资源的使用，是已经得到授权的实体按照需要访问的功能特性。网络信息安全的可使用性是网络信息系统面向使用者的安全性能。

利用网络信息的完整和保密服务来预防和阻止网络信息资源的可使用性遭受到攻击。因此，协助支持网络信息的可使用性安全服务的机制就通过访问控制、完整性和保密性服务建立起来。很多在网络攻击的基础上进行的破坏、降级或摧毁网络信息资源，就必须通过加强对这些资源的安全防护来进行严控，使网络信息资源避免受到攻击。目前，在实践中应用了很多种方法。

（3）初始完整性。

网络信息安全的初始完整性是指在存储或传输网络信息的过程中保持不能被修改、不会被破坏或者丢失的功能。确保网络信息的初始完整性的手段有数字签名、纠错编码方法、密码核验和协议、公证等。

3

一直以来，数据检测和监控两种技术方法被公认是针对网络信息安全的初始完整性最有效的保护手段。数据的完整性检测也被称为完整性度量，这一检测方法是通过提取网络系统中相关完整性对象的度量特征值，进而验证数据的初始完整性是否已经遭受破坏；完整性监控则是利用监控系统软件，查找网络系统运行过程中是否存在破坏数据完整性的所有行为，并可以实时地采取对应方策进而保护数据的完整性。数据的完整性检测过程相当复杂，在实施过程中也极易遇到各种问题，有时也会在很大程度上影响网络终端的性能，所以，一般在实践中更多地采用静态或周期性检测的方法。

（4）不可否认性。

所谓网络信息安全的不可否认性，是指在网络环境下，在数据信息的传输和交互过程中，确认使用者、参与者真实、唯一和同一性，被称作不可否认性，也就是说，任何使用者、参与者都不能否认或抵赖对网络信息曾经做出的操作和承诺。

通过对网络信息安全特质的分析可以看到，网络安全在不同的应用环境下会归纳出不同的解释。针对网络中的任何一个运行处理系统来讲，网络信息数据的安全范围都被归纳为网络信息数据的处理和传输的安全。它主要包括硬件操作系统可靠、安全的运行，操作系统和应用软件的安全，数据库系统的安全，电磁波、信息数据泄露的安全防护等。网络传输的安全与网络传输的信息数据内容有密切的关系。信息内容的安全即网络信息安全，包括网络信息内容的保密性、真实性和完整性。从更加宏观的安全角度来说，网络信息安全保护包含整个网络信息系统的所有硬件、软件及其系统文件中的所有信息是否受到安全保护。它主要包括系统连续、可靠、正常稳定地运行，网络服务不会被中断，系统中的数据信息不会因为偶然的或恶意的网络行为遭到破坏、更改或泄露。其中的数据信息安全需求，也就是人们利用通信网络来进行数据信息安全查询、网络管理服务申请时，确保网络服务对象的信息不会被监听、窃取和篡改等网络威胁的信息安全需求特征。

网络安全侧重网络信息的传输安全，数据信息安全则更侧重数据信息自身的安全可靠，这与需要安全保护的目标有关。信息网络安全是人类信息力量传递的重要载体，凡是放在网上的重要信息必然与网络安全息息相关。

二、网络信息安全的类型

（一）系统安全

按照环境和应用的不同，可以将网络信息安全分为不同的类型。运行系统安全是指确保数据信息处理和传输系统的安全。它的重点在于确保网络系统的正常运行，规避因网络系统的崩溃和损坏而对系统数据信息存储、处理和传输造成的破坏和损失。避免由于电磁翻泄，造成数据信息泄露，被别人干扰或干扰别人。

（二）网络信息安全

按照使用环境和针对目标不同，网络信息安全防护体系涵盖的内容宽泛程度也是不尽相同。防火墙、VPN（虚拟专用网络）、IDS（入侵检测系统）、IPS（入侵防御系统）和统一威胁管理等也越来越被应用到网络信息安全防护当中。防火墙依照网络信息安全策略限制网络之间的数据信息流，在两个（或多个）网络间中实施网络之间访问控制。虚拟专用网络（VPN），是一种访问连接方式，它有效地提供公用网络安全地对企业内部专用网络进行远程访问。入侵检测系统可以实时监视网络或计算机系统中关键点的运行，查找其中违反网络信息安全策略的行为和被攻击的迹象，检测和报警有可能异常的入侵行为的数据告知使用者，并提供相应的解决、处理方法。被经常使用到的还有可以防御深层入侵威胁的在线部署入侵防御系统安全系统，对被明确判断为攻击行为，检测和防御网络数据信息危害的恶意行为。

（三）信息内容安全

现阶段主要通过运用数据信息加密、网络安全管理平台、数据安全产品以及专业安全服务来实现这一安全性。数据信息加密是确保数据信息传输过程中安全可靠的链路加密、节点加密及端到端加密等软硬件。

网络安全管理平台是以统一平台的方式将系统的安全设备、网络设备、主机设备等进行统一监控、配置和管理，帮助用户建立信息系统的纵深防御体系。数据安全产品是在保护数据信息系统中重要的数据信息资源不被窃取、篡改的信息安全产品，具体包括数据库安全、数据防泄漏等。由于网络信息安全的专业性，很多网络安全研发者还将研究目标侧重偏向网络安全的服务体系，研究分析提供包括安全规划、安全咨询、安全评估、安全托管等专业安全服务体系。

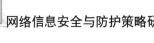

（四）网络信息传播安全

面向网络数据信息传播的安全，网络终端安全防护一般涵盖终端主机安全审计、桌面安全监测、漏洞检测与补丁分发、行为监测、终端防病毒、敏感信息内容过滤、终端资产管理、终端接入及外联网络管理、移动存储设备管理、终端点对点控制、终端流量监测等多方面的安全要素。

此外，身份认证也作为网络信息传播安全的一种途径，身份认证包括实现数字签名、身份验证和数字证明等技术的软硬件产品。

三、网络信息安全的目标

（一）技术目标

网络信息安全的技术目标就是有效地阻止破坏网络信息安全的一切攻击。主要包括以下内容。

1. 防窃听

防窃听是网络信息安全保密的重要组成部分，主要针对获取情报、秘密信息的窃听方式。防窃听技术、设备与手段随着窃听技术改进而相应发展。防窃听的重要手段就是信息加密。防范措施主要是防有线窃听、防无线窃听和防激光窃听等。随着窃听技术的复杂化、多样化和高技术化，防窃听的技术、设备与手段将不断提高和改进。发展防窃听技术，提高防窃听能力，完善保密法规和制度，是确保网络信息安全的重要任务之一。

2. 抵御攻击

就目前发展的技术手段，人们无法彻底对网络攻击进行根除。虽然如此，仍然能够通过不断地提高服务器的防御能力来更好地保障网络信息安全。不论是什么样严谨的操作系统都有漏洞，及时地对操作系统进行更新升级，打上安全补丁，避免潜在漏洞被蓄意攻击利用，保护自身的利益，是目前确保网络服务器安全的最重要的一种安全保障解决方法。

防火墙安全保障技术是建立在现代通信网络信息技术基础上的一种抵御攻击，它可以保护与互联网相连通的各个使用客户内部网络或单独节点，具有透明度高、简单实用的特点，可以在不更改原有网络操作系统的情况下，达到一定的安全防护。其具有检测、阻止加密信息流通和允许加密信息流通两种管理机制，并且本身的抗攻击能力较强。防火墙现在更多地应用于专业网络和公用网络的互联环境中。

形象来讲，防火墙其实就是集分离器、限制器和分析器于一体，防火墙一方面通过检查、分析、过滤从内部网流出的 IP 包，尽可能地对外部网络屏蔽被保护网络或节点的信息、结构，另一方面对内屏蔽外部某些危险地址，实现了对内部网络中的 IP 数据保护。

防火墙的应用在很大程度上确保了网络环境的正常，起着提高网络信息安全性、强化网络信息安全策略、网络防病毒、预防网络信息泄漏、保障信息加密、信息储存和授权认证等重要作用，基本能够做到日常的基础维护。常用的还有杀毒软件。最早为人们熟悉的诸如瑞星杀毒、卡巴斯基、金山毒霸等杀毒软件，为服务器提高了不少安全保障。事实上，很多著名的网络安全公司，不仅能够提供防火墙功能，而且还能够提供杀毒软件的服务。在网络服务器上安装正版的杀毒防护软件，并且及时升级杀毒软件，开启自己电脑的网络动态病毒更新以及病毒库应用程序等方式来有效控制计算机网络病毒的扩散传播，对于有效保护电脑的网络信息安全和网络稳定是十分必要的。

除此之外，还应及时关闭不使用的端口服务。在安装一些服务器系统和程序时，通常会弹出另外一些不需要的额外服务，这些额外的服务不仅会占用系统资源，更会增加服务器系统的安全隐患，甚至会掉入不安全的陷阱，致使网络信息受到威胁。所以在安装程序时，最好不打开这些额外服务；同时，一段时间内几乎不使用的服务器端口服务也可以删除，这样做就能防止攻击者通过攻击这些渠道，提升服务器的防御值。为防止猝不及防的服务器宕机或用户操作失误所导致的无法使用，系统还要进行定期备份，网络备份的最终目的在于确保网络系统的正常运行。

随着云技术的迅猛发展，除了要定期备份服务器之外，云计算技术备份系统还设置了镜像记录，实时记录服务器的信息数据。同时，还要定期分别在多个不同的服务器上存放重要的系统文件信息数据，以防止服务器高防御故障时（尤其是硬盘出错）丢失信息数据，并能及时进行系统修复，迅速恢复系统的正常运行。入侵检测系统（IDS）也是构架安全信息系统的一个重要环节。具体地说就是通过安全监测（监控）手段，及时发现网络环境中存在的安全漏洞或潜在的恶意攻击。安全监测工具可以为网络环境的安全提供对网络和系统恶意攻击的敏感性，进而实现实时动态的安全机制。它是安全防护的最后一道坚强防线，可以适用检测各种形式的入侵行为，是网络信息安全防御的体系的重要堡垒。

病毒具有破坏性、繁殖性、潜伏性、传染性、隐蔽性、非授权可触发性的特点，对网络信息安全的危害极大。它不是自然形成的，而是人为制造的，是攻击者利用计算机硬件和软件所固有的漏洞而编制的一组程序代码或计算机语言。电脑病毒的安全防范工作就是要努力做到层层严密设防，集中控制，以防病毒为主，防范与杀毒相结合。

首先，要健康、绿色地浏览网络。避免浏览可疑网站，如博彩、聊天视频或色情网站，不建议通过网络收藏夹来登录网站，这些危险操作有可能会使后台自动下载木马或危险程序，有使电脑中毒或受木马程序侵害的潜在危险，一旦中招，将无法确保网络信息安全。

其次，应使用正版软件及时进行升级并更新补丁。使用正版软件能有效减少电脑病毒入侵的概率，盗版软件不仅会带来版权的归属纠纷，而且还会因为软件的破解，造成漏洞，在使用过程中更容易遭受电脑病毒的攻击。正版软件的补丁基本都是在软件运行中发现的漏洞，程序员会针对这些被人攻击或发生问题后推出一系列的补救程序，因此发现软件有补丁一定要及时进行更新，确保软件的使用安全。

最后，还要正确使用杀毒软件。杀毒软件能实时发现、防御和查杀电脑病毒，是防止病毒恶意入侵电脑、威胁网络信息安全的保护屏障。一定要注意定期上网对杀毒软件、防火墙和病毒库进行升级。

3. 防信息伪造

信息伪造即编造，捏造信息，已到达以假乱真的目的，利用虚假的信息来达到迷惑的作用，进而会对网络信息安全产生危害。作为维护数据信息安全，防止信息被伪造的重要方法之一就是数字签名，它可以解决冒充、抵赖、伪造和篡改等问题。就实质而言，数字签名是接收方向第三方证明接收到的消息及发送源的真实性而采取的一种安全手段，它的使用可以确保发送方不能否认和伪造信息。

总之，数字签名事实上也就是对客户的私有密钥入口进行加密，接收客户的私有密钥入口进行密码解释过程。公钥是客户的身份标志，当客户签名用私钥时，如果验证方或接收方用客户的公钥进行验证并通过，那么可以确定签名人就是拥有私钥的那个客户，因为私钥只有签名人知道。

4. 防止用户假冒

启动用户认证以防止用户假冒，造成网络信息泄露。2018 年，Face book 开始面向全球用户推出人脸识别功能，该功能可以在一定程度上有效防止用户身份被他假冒。随着科技的不断进步，活性检测功能越来越多地被应用到防止用户假冒的技术手段中，用户只需自主上传身份证明图片，并通过移动设备进行人脸视频采集，在采集期间用户按照指令配合完成一系列面部动作进而完成活体检测。后台系统再将视频采集到的人脸与用户证件信息进行对比，以达到认证用户身份、防止用户假冒的目标。

5. 防止非授权访问

防止非授权访问一般来说有两方面。网络访问控制。网络访问控制技术是对我国网络基础信息安全问题进行技术保护与安全防范的一种重要技术战略，其主要功能是保证网络信息不被非正常访问和非法使用，也是维护网络信息安全的重要手段。其中的网络访问控制安全技术主要由网络的访问权限安全控制、网络访问控制、属性网络安全控制、网络的数据录入分层和管理级别网络安全控制、网络的自动监视与网络锁定安全控制、网络的主终端和服务节点、网络的主和服务器网络安全控制与网络安全控制等十几个核心模块系统组成。

6. 防信息丢失或破坏

防信息丢失或破坏是预防信息丢失或破坏以及要确保网络信息的完整性。首先，存储信息数据的介质需要定期检查其物理安全性，使用介质时要做到尽可能多地减少错误操作、软件失真、硬件故障、断电、强烈的电磁场的产生等突发事件中的产生，要具备识别和输出的错误数据信息等潜在性和错误的系统化校验及审核的信息能力。其次，数字签名是防止信息丢失或破坏重要手段。

（二）治理目标

为了管理和防护好网络安全系统，整治好网络安全环境，要真真正切实做好网络安全的环境防护，确保我国的网络信息安全，应该切实做好网络技术与环境治理之间的互补结合。

1. 加快立法进度

在我国现行的法律法规中，有近二十部与网络信息安全相关的法律法规，虽然有法可依，但仍存在多重交叉管理空白的问题。同时法律法规其实是带有某种程度的滞后性，它不能涵盖所有已经或将要出现的问题，因为网络本身的复杂性和多样性，对于具体到某种网络信息安全事件适用于哪种法律法规还是很难界定的，因此，加快建立具体化、细节化、清晰的网络信息安全法律法规就显得尤为重要。

2. 加强监督管理机制

有效的网络信息安全监管不仅实现了技术上的飞跃，而且还需要政府的管理和相应法律法规的制定。网络信息安全监管分为主体和客体两部分。主体主要包括使用网络信息的主体、对网络信息占据的主体以及对网络信息进行处分的主体等；客体主要包括在网络环境中主体所涉及的商业、个人和国家获取信息等的行为。

行政手段是网络信息安全的主要监管方式，同时也存在很多的非正式监管方式。在监管网络信息安全领域，行政手段能够在很大程度上解决当前网络信息安全面临的矛盾和问题，但是弊端也是明显的，最大的弊端就是多部监管造成部门与部门之间互相推诿或多头执法，这就造成了执法力量分散的局面，间接地影响了行政部门的公信力。

四、网络信息安全管理

（一）网络安全管理主体明确

根据《网络安全法》规定，国家网信部门负责网络安全相关的监督管理工作，也即国家网信部门负责网络安全监管的统筹协调，国务院电信主管部门、公安部门以及其他有关机关，依照相关法律规定，在各自的职权范围之内负责相关的网络安全监督管理工作。同时，根据《网络安全法》第四十九条规定，明确网络运营者必须配合网信部门和有关部门依法实施的监督检查并予以配合[1]。

可见，《网络安全法》中明确将对网络安全的监督管理职责交予网信部门负责，由其他部门依据法律法规的规定予以配合，共同维护网络安全。我国目前负责行政机关网络信息安全管理的主体较为明确，即为各级行政机关。网络信息安全管理，除了包括行政机关出于充分且正确行使其行政职能的需要，并针对网络信息安全制定与实施相应的管理体系之外，还包括国家立法、司法等机关与其他一些行政部门开展的管理事务。

（二）网络信息安全内涵清晰

我国行政机关网络信息安全管理的客体具体为行政机关所掌控的网络信息数据，以及行政机关日常工作中流通的涉密及非涉密重要信息，如居民户籍信息、军工保密信息、涉密科研成果等。从广义层面上而言，网络信息安全管理的客体除了包括处理这些重要核心数据库的相应计算机主机与可移动存储介质等之外，还包括操作网络信息数据库与接受网络信息安全培训的相关人员，此外还有负责网络信息安全管理的主管或分管领导等人员。

---

[1] 肖振凯 . 信息化战争背景下战时网络信息管制立法初探 [J]. 法制与经济，2017（12）：181-183.

目前，我国各级行政机关内部均设立了信息中心、信息办等信息管理部门，主要负责其门户网站、数据后台以及内部信息的监管工作。日常办公网络分为外网与内网，并分别有不同的网络端口和计算机进行物理隔断。外网依托移动、联通、电信三大电信公司以及其他服务器外包公司，主要支持门户网站以及外网计算机的使用；内网一般为局域网络，主要支持各机关协同办公系统以及一般内部信息的流通。涉密信息方面，设置专门的计算机以及专门负责人，并由各级政府保密局定期不定期对有关行政机关进行抽查和检查。总体来看，我国网络信息安全管理意识逐步增强，体系不断壮大，制度愈加完善，手段持续增加，正处在攻坚克难、向上发展的爬坡期。

（三）网络信息安全管理意识增强

近年，网络信息安全管理获得国家极大重视。从 2014 年开始，出于加大网络信息安全发展力度方面的需要，我国行政机关结合本国实际出台了一系列重大措施，在党的十八届三中全会《决定》中，明确提出要"加强完善互联网管理领导体制"。目前，中央网信领导小组已经成立，该小组更是由习近平总书记亲自挂帅，由此可见，我国非常重视网络信息安全，并已经把该问题提升至国家战略层面高度。

第二节　网络信息的安全需求

网络信息安全并不像信息技术的其他问题，其主要任务是确定系统及其内容不被非法访问和泄漏。机构要在这方面投入大量的金钱和人力来防止无时无刻不在的网络攻击，随着攻击手段的日益复杂，信息安全的需求也在不断增加。

网络信息安全应该做到深入了解信息安全的业务需求，清楚一个安全的计划是对机构综合管理的必要组成，要洞察常见的信息安全威胁和攻击手段，要能区分系统内外的攻击。

一、口令安全需求

网络设备口令一律不采用缺省值长度至少是 8 位，采用字母和数字的组合且其中至少包含两个特殊字符。网络信息系统如 HIS、LIS、PACS、CIS 对于一般用户的账号，要求密码应包含字母、特殊字符和数字。对于重要部门或者岗位操作人员的系统密码要提醒其定期检查和更改。网络设备的 SNMP 通信字串和口令具有同样的重要性也应该遵循和口令要求相同的原则，建议采用 SNMP 探测功能进行弱 SNMP 通信字串的检测。

二、传输安全需求

网络基础建设中采用的 VPN 技术可以从最底层确保安全，既可防止其他网络的用户未经授权使用信息网络的信息资源，也可防止本网络的用户进入其他的网络。为了保证关键业务应用 24 小时不间断地运行，从而最大限度地避免了单点传输故障造成的业务系统崩溃。

三、网络通信安全需求

（一）防火墙应用

计算机网络需要与 Internet 外网进行互联，这种互联方式面临多种安全威胁，会受到外界的探测与攻击。防火墙对流经它的网络通信进行扫描，这样能够过滤掉一些来自 Internet 的攻击，如拒绝服务攻击（DoS），阻止 ActiveX. Java、Cookies、Javas Cript 侵入。通过防火墙的病毒扫描和内容过滤功能可以避免恶意脚本在目标计算机上被执行。防火墙还可以关闭不使用的端口，而且它还能禁止特定端口的流出通信，封锁特洛伊木马，禁止来自特殊站点的访问，从而防止来自不明入侵者的所有通信。

（二）IDS 系统应用

IDS（入侵检测系统）针对网络中的各种病毒和攻击，进行有效的检测，依照一定的安全策略，对网络、系统的运行状况进行监视从而提供入侵实时警告。通过 IDS 与防火墙的联动，可以更有效地阻断所发生的攻击事件，同时也可以加强网络的安全管理，保证主机资源不受来自内、外部网络的安全威胁。

（三）VLAN 划分管理

在一个交换网络中，VLAN 提供了网段和机构的弹性组合机制。利用虚拟网络技术，可以大大减轻医院网络管理和维护工作的负担，也有效地从物理层避免了广播风暴，防止网络病毒的蔓延。

第三节 网络信息安全的起源与发展

一、网络信息安全的起源

信息安全问题是一个系统问题，而不是单一的信息本身的问题，因此要从信息系统的角度来分析组成系统的软硬件及处理过程中信息可能面临的风险。通常来讲，系统风险是系统脆弱性或漏洞，以及以系统为目标的威胁总称。系统脆弱性和漏洞是风险产生的原因，威胁或攻击是风险的结果。从另一个角度看，风险的客体是系统脆弱性和漏洞，风险的主体是针对客体的威胁或攻击。可见，当风险的因果或主客体在时空上一致时，风险就危及或破坏了系统安全，或者说信息系统处于不稳定、不安全的状态中。

计算机网络是目前信息处理的主要环境和信息传输的主要载体，特别是互联网的普及，给信息处理方式带来了根本的变化。互联网的"无序、无界、匿名"三大基本特征也决定了网络信息的不安全。"无界"是由网络的开放性决定的，它突破了国家和地域的限制，也突破了意识形态的限制，网络充满了各种各样的有用信息，同时也充满黄色、反动、虚假的信息[2]。

二、网络信息安全的发展

大数据时代为千千万万的网络计算机使用者带来了工作生活的诸多便利，饮食起居、审阅资料、查找文献、科学研究等社会环节，网络空间已经充分地为人们解决了各种各样的问题。特别是近年来商购和网购浪潮的愈演愈烈，逐渐改变了人们的消费理念和生活观念，人们对网络有着很大的依赖性。但是，在大数据时代的发展浪潮中，应该清晰地拨开表面看实质，网络不仅将便利性带给了人们，而且也带来了信息共享化所带来的负面作用。

目前，通常在网络上输入一个姓名，就能搜索出很多相关信息，这些个人的数据信息来自五湖四海，包括详细的姓名、职业和生活环境，甚至还有过往经历，这些已经在很大程度上造成了数据信息的泄露。

除此之外，还有数据信息的污染。在利用网络引擎进行搜索的过程中，往往会有大量无关的信息窗口映入眼帘，有些甚至是不健康的。这些网络信息的

---

[2] 俞承杭.计算机网络与信息安全技术 [M].北京：机械工业出版社，2008.

污染严重干扰了人们的日常使用。

网络信息安全治理已经迫在眉睫。尽管互联网的开放性和共享性给人们带来了便利，但是也必须对其进行规范性控制，不能任由其发生。这是考虑网络数据信息的安全性，这不仅仅关系个人层面、企业层面，更是与国家安全层面也息息相关。

对网络空间的信息安全问题进行有效治理，应该从国家层面铺设开来，近年来，我国中央领导人十分重视网络的发展与约束，有部署、有针对性、有步骤地从关键点、重要点铺设实施网络信息安全的防控要求。在政府各个领域，网络信息安全的工作有序地开展，形成网络信息的生态化体系，接触面和涵盖面已经触及社会的方方面面，通过 2020 年的新型冠状肺炎疫情的有效防控，可以看到我国互联网大数据发展的稳定性和安全性。有效的网络信息安全治理和防控，已经为我国的整体决策带来了十分明显的效果。

（一）安全硬件产品占主要地位

网络信息的安全性对一个企业的发展来说至关重要。在互联网大数据时代，哪个企业都不会放弃利用互联网得天独厚的优势来做大做深企业的发展。在企业全面铺设网络的同时，很多企业丝毫不关心网络的安全，从而错过网络安全的最佳设计初始时期。商业信息的安全和保密对企业的生存根本至关重要，企业的很多机密数据信息都在很大程度上决定了企业的发展空间。

但是，我国企业还不够全面认识网络信息安全。每年的网络信息安全事故都让企业付出惨痛的经济损失，甚至是社会信誉扫地，导致企业一蹶不振。还有些企业的网络信息安全设备陈旧、升级不及时，无法及时防御黑客的入侵，在企业看来，只要购买防火墙等相关安全产品就能有效防止黑客攻击，但实际上，不管是防火墙，还是安全操作系统，都要按照数据信息的安全类型防御技术的发展，及时进行升级调整。另外，网络防火墙和安全智能操作平台都已经得到相应的发展。

网络设备的信息安全防护的发展是网络信息安全治理的一个重要环节。硬件设备的安全性关乎网络信息安全的整体，也是网络信息安全防控的基础。

信息网络在带来高效和便捷的同时，因其承载了大部分的重要业务，以及关键信息，被破坏时产生的巨大影响力也变成了黑客攻击目标的一块更大的市场。2018 年 1 月 3 日，INTEL 处理器被曝光影响范围极广的 Meltdown 和 Spectre 漏洞，影响 1995 年以来大部分 INTEL、ARM、AMD 处理器，且涉及大部分通用操作系统，采用这些芯片的 Windows、Linux、Android 等主流操作系统和电脑、平板电脑、手机、云服务器等终端设备都受影响，漏洞可让所有能访问虚拟内存的CPU都可能被恶意访问，密码、应用程序密匙等重要信息面临风险。

为应对如此复杂、猛烈的网络攻击趋势，网络安全防护设备形态也相应不断增多、检测越发专业，从基础的防火墙、入侵检测、病毒网关、VPN到数据防泄漏系统、WAF、僵木蠕监测系统、邮件网关等。

不管攻击如何衍生，黑客以漏洞方式的攻击母体方式一直是攻击的主导模式以及攻击的主要手段，所以，网络入侵防御一直作为网络安全法律法规的网络安全基础设备建设的基础与重点，各安全领域也一直将入侵防御作为网络安全解决方案的基本配备系统。对于网络中充斥的各种攻击，防火墙和入侵检测技术（IDS）实现对攻击的检测与防御。

目前，我国网络安全市场仍以硬件产品为主，仍占据接近一半市场份额，市场规模达292.2亿元，市场占比为48.0%，软件产品市场规模逐年增长。由于国内安全支出更多地为合规驱动，因此安全服务仍远远低于全球水平。

（二）网络信息安全市场规模日益扩大

从近年来的攻击事件可见，攻击规模越来越广，危害越来越深，影响也越来越大，甚至是毁灭性的。范围上，网络安全形势从早期的随意性攻击，逐步走向了以政治或经济利益为主的攻击；技术上，攻击手段越来越专业，攻击的层面也从网络层，传输层转换到高级别的网络应用层面；类型上，攻击的类型越来越多，如DDOS攻击、僵尸主机攻击、病毒传播等。

国家、行业也意识到攻击的频繁及危害，不断增强法律法规建设，《中华人民共和国网络安全法》《互联网安全保护技术措施规定》《信息安全二级等保要求》《信息安全三级等保要求》等相继发布，成为各行业、单位的网络建设标准依据。随着云计算、移动互联、Web 2.0等新兴业务的不断涌现，众多云应用、移动应用异军突起，而传统的P2P、流媒体等应用为了逃避各类检测技术其本身也在不断发生变化，这就对安全网关类设备的应用识别能力提出了更高的要求。

近几年来，随着勒索软件的兴起以及愈演愈烈的网络安全攻击，全球各类规模的组织都在不断增强其信息安全意识，各大公司对敏感数据保护的投资不断增加。随着"等级保护2.0"、数据安全等相关法律法规的逐步落地，监管部门的监管力度将大幅提升，中国网络信息安全市场将保持快速增长。

目前，网络安全政策法规持续完善优化，"等级保护2.0"出台并开始实施，网络安全市场规范性逐步提升，政企客户在网络安全产品和服务上的投入稳步增长，云安全、威胁情报等新兴安全产品和服务逐步落地，自适应安全、情境化智能安全等新的安全防护理念接连出现，为我国网络安全技术的发展注入了创新活力。随着国家在网络安全政策上的支持加大、用户需求扩大、企业产品的逐步成熟和不断创新，网络安全市场保持快速增长。

（三）市场需求逐渐转变为"按需安全"

如今，5G、物联网、人工智能等技术的高速发展和普及，开启了第四次工业革命的浪潮。5G 与人工智能等技术的融合，推动工业互联网、车联网、物联网发展的同时，也让网络空间变得更加复杂，也提出了更严峻的网络安全挑战。

除此之外，"新基建"加速数字经济与实体经济融合发展，不断推动传统行业数字化转型，随之而来的是网络安全威胁风险从数字世界向实体经济的逐渐渗透。在此过程中，网络安全的内涵外延在不断扩大，网络安全的市场逐渐从合规的通用安全需求转向与实际业务需求紧密结合，提供适合于各场景化、定制化的网络安全解决方案。

（四）数据安全防护是网络信息安全的关键

随着数字经济的不断发展，数字化产业和数字化社会使虚拟空间和实体空间的链接不断加深，导致安全风险从单纯的网络安全逐步扩展到全社会的所有空间，安全能力将成为关系社会安定、经济平稳运行的关键基础性能力。此外，"新基建"加速融合信息产业和传统产业，从而进一步推动数字经济的发展。

如何保障用户隐私和数据安全成为数字经济建设中的基础性问题，数据安全的防护思路和技术体系需要转变和升级。未来，数据安全将是各行各业的关注重点，数据安全相关产品及服务将会有很大的需求。

（五）市场逐渐接受以软件为主的安全技术

随着移动互联网、物联网的快速发展，终端设备的数量呈现指数级增长态势。近几年来，终端安全产品（包括终端安全管理、终端防病毒、终端流量监测等）备受关注，2019 年的市场规模达到 31.7 亿元，增长率为 20.6%。信息加密／身份认证市场规模达到 48.4 亿元，同比增长 15.0%。

随着客户对网络安全统一安全管理的需求逐渐爆发，安全管理平台市场2019 年增速达到 32.9%，市场规模达到 24.3 亿元。数据安全市场增速为 9.2%，市场规模达到 27.7 亿元。

（六）端点、网络及平台将成为战略布局的关键

随着数字经济、数字城市的建设，原本存在于企业、行业之间的物理边界、网络边界、业务边界将逐渐消失，而如何构建企业、行业之间的安全策略就显得尤为重要。如何用安全的技术手段来让企业放心享受数字经济带来的红利，是未来数字化转型过程中的工作重点之一。

特别是在 5G 的背景下，如何保障呈指数级增长的终端安全、防御各种类型网络的攻击以及如何用大平台实现安全运营于管理是未来网络安全的重点突破方向。在安全防护方面，既要保证万物互联下的入口安全，又要构建云网端的立体化防御；在安全管理和监控方面，需要有整合威胁情报、态势感知、零信任等各种专业能力的安全平台的保驾护航。

第四节　网络信息安全的基本功能

要实现网络信息安全的基本目标，网络信息安全应具备防御、监测基本功能。

一、网络信息安全防御

网络信息安全防御是指采取各种手段和措施，使得网络系统具备阻止、抵御各种已知网络威胁的功能。

计算机病毒的设计者和以实际操作来入侵计算机的黑客这两个群体正在逐步合并，他们只是以不同的方法来针对计算机硬件、软件、协议的具体实现或系统安全策略上存在的缺陷，利用硬件、软件、协议的具体实现或系统安全策略不存在的缺陷传播病毒，入侵后台以及展开对系统的攻击，对计算机使用者造成阻碍。同时，还有一些针对性很强的病毒，专门对计算机服务设备进行攻击。比如著名的爱丽丝病毒可以攻击邮件服务系统，而一种名为 SQL Snake 的病毒，顾名思义，被设计来攻击微软的 SQL 计算服务。同时，来自互联网的攻击方式也在不断更新，针对现在日趋流行的无线网络而设计的病毒正在占领新的市场，这也促使着计算机防御系统必须要有针对性的提升，计算机病毒防御系统已经能够从原先计算机之间的防御上升到网关，同时也包括某一区域内由多台计算机互联成的计算机组、连接不同地区某一区域内由多台计算机互联成的计算机组或城域网计算机通信的远程网，包括计算机之间的防火墙联动。下面将逐层分析不同种类防御措施的特点。

（一）单机病毒防御

计算机是病毒传播的最终目的地，能够在计算机终端对病毒进行有效防御，对任何计算机终端的使用者都是有十分重要的意义，而这也是计算机病毒防御策略中被提及最多的部分，目前杀毒软件能够从很多角度对计算机进行防护，从而保护单机不受侵害。

（二）局域网病毒防御

局域网病毒防御的基础上构建连接不同地区某一区域内由多台计算机互联成的计算机组或城域网计算机通信的远程网总部病毒报警查看系统，监控本地、远程异地某一区域内由多台计算机互联成的计算机组病毒防御情况，统计分析整个连接不同地区某一区域内由多台计算机互联成的计算机组或城域网计算机通信的远程网络的病毒爆发种类、发生频度、易发生源等信息。连接不同地区某一区域内由多台计算机互联成的计算机组或城域网计算机通信的远程网病毒防御策略是基于三级管理模式：单机终端杀毒、某一区域内由多台计算机互联成的计算机组集中监控、连接不同地区某一区域内由多台计算机互联成的计算机组或城域网计算机通信的远程网总部管理。

（三）防火墙联动防御

防火墙联动机制是依托于网关的安全策略，在网关中侦测到异常情况之后，告知防火墙阻止病毒侵入，而防火墙作出地决定将反馈给网关，如果确定病毒的存在，则将该病毒阻隔到网关之外，这种方式可以减少网络内部的压力，减少病毒在计算机之间传播的可能性。将病毒检测功能提升到网关，可以更加高效地对抗来自网络的病毒，是当下最高效的病毒防御机制。

（四）邮件网关病毒防御

在当下，我国的日常生活中电子邮件的使用并不如西方国家频繁，因此很多人会认为邮件病毒的时代已经过去。而实际上，政府机构、科研院所等信息集中的单位中，邮件的使用不仅频繁也十分集中，邮件病毒的主要攻击对象也是这样的邮件集中地。因此，邮件网关拦截系统的意义十分重大。

除此以外，邮件网关的过滤功能还能够针对诈骗邮件、带有不良信息的邮件进行检测与过滤，这能够对邮件集中的群体进行有效保护。

二、网络信息安全监测

网络信息安全监测是指采取各种手段和措施，使得系统具备检测、发现各种已知或未知网络威胁的功能。

（一）安全系统的整体设定

监控设置一直是网络信息安全检测的主体概念，而监控设置主要是由集线器来完成，如果没有集线器，也可以用交换机来代替。监控设置的目的就是观察系统当中，各个模板间有着怎样的关系和作用，使网络信息安 全系统具有更合理的科学性。

（二）安全系统的防护

1.建立防火墙

防火墙是目前被人们广泛应用的一种防御措施，它可以从发现入侵的开口进行防护，从中建立隔离区域，最终在整个系统中起到保护作用。我们也可以设定一个硬件防火墙，它不仅可以对系统中各个信息起到加强保护和集中管理的作用，同时也可以向计算机日志根据防护的操作进行记录。

2.安装网络入侵系统的检测

除了安装防火墙的同时，也要安装网络入侵系统的检测设备，这样不仅可以随时能检测到是否有病毒入侵系统，而且还可以和防火墙结合做到进一步的加强防护。安装网络入侵系统的检测不仅让工作人员第一时间发现漏洞减少资料外泄的风险，也为及时策划方案解决问题节省了时间。

3.访问权限的设置

为了更安全保护系统不受入侵的危害，设置访问权限是帮助程序不受侵害的一种方式。可以根据对电脑中的资料，数据对用户进行权限设置，不仅对资料进行很好的保护，也对不法分子窃取资料信息进行拦截，系统会对不法人员的入侵进行报警，让工作人员及时发现，追踪，建立保护措施。在设置访问权限的设置中，可以对用户设定识别装置，只用通过识别系统，用户才可以进入电脑系统，才能看他们想要了解的资料。如果识别装置没有通过，系统会自动加强保护，这也保护了网络信息的安全。为了更好地保护我们用户的网络信息安全，可以按每人用户的特点进行设置，例如可以设置指纹识别装置等，更好地为用户的资料进行保护。

4. 设置病毒防治装置

网络信息的泄露只要来源就是病毒的入侵，一些不法人员利用网络技术的手段，在一些木马中加入病毒，在用户不知情的情况下窃取他们的信息和资料，这种现象在网络中经常存在的。设置病毒防治装置就需要对工作人员的技术有严格的要求，需要在网络中设置病毒防治装置，在发现病毒入侵的时候，会自动建立安全保护木马，它还可以对病毒进行追踪，并对此病毒加以记忆，从而更好地建立防御措施。

第五节　网络信息安全的基本原则

一、阻塞点原则

阻塞点就是设置一个窄道，目的是强迫攻击者使用这个窄道，以对其进行监视和控制。防火墙就是阻塞点原则的典型代表，防火墙的位置处于内部网和外部网的边界处，它监视和控制着进出网络信息系统的唯一通道，任何不良的信息都将被它过滤掉。

但即使有了阻塞点，攻击者还是可以采用其他合法的方法进行攻击，这时阻塞点就没有多大价值了。如"马其诺防线"无法防范来自非正面的攻击一样，如果管理员为了自己方便在防火墙上私设"后门"，或者允许个别部门拨号上网，那么攻击者也会有机会绕过阻塞点。这时防火墙就形同虚设，失去意义。

二、简单化原则

随着信息系统的功能变得越来越复杂，其安全需求也越来越难以充分满足；又由于攻击和防御技术在矛盾中不断发展，安全产品会变得越来越专业，安全策略也会变得晦涩难懂，影响安全方案的实施。

复杂的程序往往存在些小毛病，而任何小 bug 都可能成为安全隐患，对一个复杂的网络信息系统来讲更是如此，复杂化将会直接影响其安全性。因为事情复杂化会使它们难于理解。如果不了解某事，就不能真正了解它是否安全；复杂化也会为安全的"天敌"提供隐藏的角落和缝隙。所以，无论是信息系统的安全策略，还是实施方案都要力求简单，既要使管理员清楚，也要让普通职员理解，更不能人为地复杂化。

三、普遍参与原则

为了使安全机制更有效，应该要求每一成员都能有意识地普遍参与。因为假设某个成员轻易地从安全保护机制中退出，那么入侵者就有机会找到入侵的突破口，先侵袭内部豁免的系统，然后再以其为跳板进行内部攻击。况且，黑客攻击的时间、地点和方式等都是不确定的，即使配备入侵检测系统，管理员也不可能及时察觉到安全事件的发生，系统的异常和变化如果没有"全民皆兵"意识是不可能被及时发现和处理的[3]。

安全问题的本质是人的问题，除了有一个好的安全策略以外，更要重视加强对全体成员进行安全教育，使每个成员都能自觉地维护安全是一个事半功倍的好策略。

四、最小特权原则

最小特权原则是指一个对象应该只拥有为执行其分配的任务所必要的最小特权，并绝对不超越此限。

最小特权原则是最基本的网络信息安全原则。网络管理员在为用户分配初始权限时，通常只赋予其相应服务的最小权限——只读，然后再根据实际需求以及对用户的了解程度提升其权限。因为对于大多数用户来讲，不可能需要获得系统中的所有服务，也没有必要去修改系统中的文件。

在网络信息系统中，一般都有一个超级用户或系统管理员，其拥有对系统全部资源的存取和分配权，所以它的安全至关重要。如果不加以控制，有可能对系统造成不可估量的损失和破坏。

因此，有必要对系统超级用户的权限加以控制，实现权限最小化原则。通常系统管理由多个管理员分工实施，并相互制约，即每个管理员只赋予其相应管理模块的权限，而没有必要赋予其他模块的高级权限，更没有必要掌握系统操作的绝对权限[4]。

实际上，安全是靠对信息系统中主体和客体的限制来实现的，限制越严格，安全越容易保证。然而，单纯通过限制来确保安全是没有任何意义的，在工作中不能因为最小特权原则而影响正常的网络服务。

---

[3]　徐守志，陈怀玉，吴庆涛．网络与信息安全 [M]．北京：中国商务出版社，2009．

[4]　雷建云，张勇，李海凤．网络信息安全理论与技术 [M]．北京：中国商务出版社，2009．

第六节　网络信息安全面临的挑战

一、网络黑客攻击威胁

一般而言，网络黑客攻击会采取两种攻击力一式获取用户信息，一是黑客主动攻击网络设备、网络服务，二是利用蠕虫病毒等攻击网络系统，致使用户网络不能正确使用。与其他病毒性等攻击威胁不同，黑客攻击更加善于伪装，能够有效地躲避反击、跟踪检测，从而达到攻击系统而获取相关信息、满足其违法获利的需求。以大数据挖掘为例，如果用户大数据挖掘倾向被"黑客"等不法之徒窥探，用户挖掘模式就很容易会被窃取，信息安全风险大幅增加，严重威胁着用户信息安全。

二、恶意网站"人为设置陷阱"

目前，互联网站数量巨大，尤其是一些热门、焦点网站由于访问量大，极易被不法分子利用，虚设与各大门户网站相似或者搜索关键词相同的恶意网站，引导用户点击浏览或者下载文件，达到盗取用户信息的目的。

个人信息安全危及公民切身利益。个人信息安全特别是各类账号、口令等系统信息，身份证、住址、电话号码等身份信息，指纹、面部影像、DNA 等生物信息安全已成为人们普遍关注的问题。个人信息安全正遭受着前所未有的威胁，各种非法机构窃取信息的手段多样、层出不穷，特别是对公民身份、账户和活动等个人信息的非法交易屡禁不止，信息来源涉及政务服务、公共通信、私人社交、电子商务、快递运输等多个行业，让人防不胜防。

首先，其表现为个人信息控制者采集使用信息过于随意。有些数据运营商在采集个人信息时通过"后台""暗门"等形式，未以明显的方式提醒用户，有些社交平台未提供账号下数据信息的删除路径等。这些个人信息存在被网络平台非法利用或公开发布的风险，且难以追溯泄密源头。

其次，个人信息被转卖、窃取的案例屡见不鲜。个别国家机关、事业单位公职人员借职务之便从政务服务系统或因工作需要采集的数据中获取个人信息再转卖；有的网络运营商、服务业经营者违规泄露客户个人信息；一些不法分子利用网络平台的技术漏洞 或通过植入恶意程序等黑客手段非法获取个人信息。

最后，通过非法获取个人信息实施关联犯罪。由于个人数据信息的泄露，不仅可供犯罪分子借以侵害公民个人信息权、隐私权、被遗忘权等公民合法权益，而且还可能直接或间接地侵害国家安全和社会公共安全。

违法分子往往会编制一些盗取他人信息的软件，并隐藏于这些热点信息中，只要用户浏览或者下载这些"网络信息源"，用户的信息就会立即被盗走，严重威胁着使用者的切身利益[5]。

三、网络及软件系统自身"漏洞"

网络自身缺陷、系统软件设计后门及漏洞也是网络信息安全面临的重要挑战之一，网络赖以生存的 TCP/IP 协议由于网络的开放性及共享性，成为网络信息泄露的重灾区；而 Windows 等常用的计算机操作系统也大都或多或少地存在着安全漏洞，这些漏洞一旦被病毒等利用，就会获取使用者的网络信息[6]。

[5] 王跃华，胡梅，肖洁.网络信息安全及防护对策 [J].计算机安全，2013（07）：78-80.

[6] 陈韵.网络信息安全面临的挑战及治理对策研究 [J].网络安全技术与应用，2015（10）：9+12.

第二章 网络信息安全的体系结构

信息时代，无论是日常生活还是工作生产都离不开计算机网络的身影。但是，因病毒等对计算机网络信息安全的影响是非常大的，所以人们一直都非常关注计算机网络的信息安全性。为了更好降低信息安全风险，相关工作人员应做好对计算机网络的信息安全体系结构分析，让信息更加安全。本章分为网络信息安全的保护机制、网络安全体系结构的内容、网络安全体系模型和架构三部分。主要内容包括：屋里屏障层、技术屏障层、管理屏障层、法律屏障层、心理屏障层等方面。

第一节 网络信息安全的保护机制

一、网络信息安全保护机制概述

通常来讲，由于人们对风险有一个认识过程，所以安全需求总是滞后于风险的发生和发展。但信息安全体系的研究者和设计者的最高目标，则是从研究信息安全风险的一般规律入手，认识和掌握信息安全风险状态和分布情况的变化规律，提出安全需求，建立具有自适应能力的信息安全模型，从而驾驭风险，使信息安全风险被控制在可接受的最小限度内，并渐近于零风险[7]。

信息安全的保护机制包括电磁辐射、环境安全、计算机技术、网络技术等技术因素，还包括信息安全管理、法律和心理因素等机制。国际信息系统安全认证组织（International Information Systems Security Certification Consortium，ISC2）将信息安全划分为 5 重屏障，共 10 大领域并给出了它们涵盖的知识结构[8]。

---

[7] 方勇. 信息系统安全理论与技术 [M]. 北京：高等教育出版社，2008.

[8] 俞承杭. 计算机网络构建与安全技术 [M]. 北京：机械工业出版社，2008.

信息安全的这 5 重屏障层层相套，各有不同的保护手段所针对的对象，完成不同的防卫任务。上述 5 重屏障又包含若干子系统，可以进一步细化以防范某一方面的安全威胁。信息安全从内外、进出、正常异常、犯规犯罪等几个方面对信息资源进行多方位的保护。

二、网络信息安全保护机制内容

（一）物理屏障层

物理屏障层主要研究场地、设备与线路的物理实体安全性，系统容灾与恢复技术。包含：①自然灾害防范，如火、水、地震；②设施灾害防范，如房屋倒塌、电、火、水；③设备灾害防范，如故障、失效、解体、老化、报废；④人员灾害防范，如外部入侵者或内部人员破坏、偷盗[9]。

（二）技术屏障层

技术屏障层主要研究网络、系统与内容等方面相关的安全技术。网络安全技术研究加密与认证、防火墙、入侵检测与防御、VPN 和系统隔离等技术；系统与内容安全则研究访问控制、审计、计算机病毒防范及其他基于内容的安全防护技术。包含：①信息加密；②访问控制，身份鉴别，特权审查；③防火墙，将攻击阻挡在内部网络之外；④入侵检测系统，发现敌踪，予以报警；⑤安全周边。

（三）管理屏障层

管理屏障层主要研究操作安全、安全管理实践两大领域，包含：①安全政策、法规、大纲、步骤；②人事管理：聘用新人、解雇、分权、轮岗；③督察、监督、审计；④教育、训练、安全演练。

（四）法律屏障层

法律屏障层主要研究法律、取证和道德领域，讨论计算机犯罪和适用的法律、条例以及计算机犯罪的调查、取证、证据保管。包含：①民法；②刑法；③行政法；④国家相关规章及条例。

（五）心理屏障层

主要从应用的角度，介绍技术和管理方面的安全保护机制。其中最关键的

---

[9]　许爽，晁妍，刘霞．计算机安全与网络教学［M］．北京：中国纺织出版社，2019.

部分是技术屏障中的网络安全保护，故不在心理屏障层展开介绍。

第二节　网络安全体系结构的内容

一、网络安全体系结构的概念

1989 年，提出了网络安全体系结构，他的出现为计算机网络的安全提供了一个相对完整的安全框架，网络信息安全防范是一项相对复杂的工程，现代网络问题层出不穷，为了进一步确保网络信息安全，要制订相关的安全策略，开发安全技术，加强安全管理，形成网络安全体系结构。

二、网络安全体系结构的机制

（一）安全服务体系的机制

1. 加密机制

加密机制主要用于对存放的数据或者是数据流中的信息进行加密，可以使单方面地进行使用，也可以是与其他机制结合起来使用。加密算法可以分为单密钥加密算法与公开密钥加密算法。

2. 数字签名机制

数字签名是由信息签字过程与已经签字的信息进行证实的过程，对信息进行签字的过程是使用私有密钥，对已经签字的信息进行证实的过程是使用公开密钥。数字签名机制必须要签字，这是私有密钥信息[10]。

3. 访问控制机制

访问控制机制是根据实体的身份与有关信息，确定最终的实体访问权限。访问控制实体可以采用单一的措施，也可以使用几种措施相结合的方法，主要有安全标签、口令等。

4. 数据完整性机制

在通信的过程中，发送方可以根据发送信息以外的信息，对其进行加密，然后与数据一起发送出去。在接收到信息之后，会产生额外的信息，与接收到

---

[10] 李芳，唐世毅. 计算机网络安全教程 [M]. 成都：西南交通大学出版社，2014.

的额外信息进行比较，就可以分析出在发送的过程中，信息是否完整，是否被别人篡改。确保数据的完整与安全。

5. 认证交换机制

认证交换机制是用于同级之间的认证，既可以使用认证的信息用于确定。也可以使用实体所具有的相关特征进行确定。

6. 公证机制

公正机制是第三方参与数字签名机制。它的前提就是通信双方对第三方的信任，否则就无法实现，这样就必须要公证方，具备一定的数字签名与加密机制等。公证机制可以有效地预防收方伪造签字，或者是收方抵赖不承认接受信息。

（二）安全管理体系的机制

1. 安全标签机制

信息中的资源有安全标签，用于显示在安全方面的保护程度，可以是隐藏式也可以是显露式，没有规定的限制，但是要与相关的对象结合在一起，在安全的前提下。

2. 安全审核机制

安全审核机制是弄清楚与安全有关的事件，在进行审核之前要有与安全有关的信息记录与必要的设备，还要对这些信息的处理与分析的能力。

3. 安全恢复机制

在发生破坏行为后，采用相关的措施或者是手段进行恢复，建立与正常的安全状态相同的状态、安全恢复的活动氛围三种：立即、临时与长期。

第三节　网络安全体系模型和架构

一、网络信息安全模型

（一）PPDRR 安全模型

PPDRR 安全模型即安全策略、防护技术、攻击检测、袭击响应和灾难恢复，该安全模型来源于美国国际互联网安全系统公司，是一种动态的、典型的、适应调整后的安全性模型。

网络信息安全的首要步骤就是防护。即使是采取了多种严格的安全信息防护措施，也不一定意味着互联网的信息安全就能够得到百分百的绝对保障，那么就需要采取一种科学、有效的措施和手段实时分析和检测互联网络，使安全信息防护由单纯的被动性安全防护，演变成为积极有效的主动性安全防御；攻击性响应是指在遭受恶性攻击和突发紧急安全事件的情况下，迅速地采取一种有效的防御措施。

安全策略包括利用漏洞进行扫描和脆弱性数据分析的技术，基于未知的潜在风险进行量化的技术；拓扑结构的发现技术，黑洞的发现、基于应用协议的网络拓扑结构发现的技术。

（二）ISO 安全体系结构

ISO 7498-2 安全体系结构关注的是静态的防护技术，针对的是基于国际标准化组织参考模型的网络信息通信系统，其中的安全服务也只是解决网络信息通信安全的技术手段，其诸如物理安全、系统安全、人员安全等其他安全领域均没有涉及，所以无法满足更复杂、更全面的信息保障。

二、网络信息安全框架

（一）物理层安全

1.机房安全

保证了机房外部和场地的安全、机房内部的安全。

2.物理设施安全

可靠的物理设施、安全的网络通信线路、控制辐射和防信息泄露技术。

3.互联网通信电缆线路的安全

互联网通信电缆线路及互联网基础设施的安全性测试及其优化；互联网加密保护；信息通信加密软件应用中的加密技术；检测安全渠道；检测网络应用协议运行的漏洞和网络中产生的漏洞。

（二）系统层安全

这是指操作系统的一些缺陷所带来的不安全性影响因素，比如操作系统的用户身份验证、操作系统的用户访问限制、系统中的漏洞等。

（三）网络层安全

这指的是避免网络受到攻击的一种安全防御技术。包括对于网络的用户身份信息识别、网络信息资源访问限制、信息资料传递的保密和完整性、遥感器远程链接的安全性、域名系统的安全性、路由系统的安全性互联网硬件病毒预警措施。

（四）应用层安全

这是指保护应用软件、信息数据的安全。包括电邮系统、Web 服务、DNS、应用软件的 bug 分析、应用资源的访问限制验证、应用使用用户的身份鉴别检测、应用软件的备份及恢复能力；应用数据的唯一性和密性、应用系统的可靠性和可用性。

（五）管理层安全

包括人员的管理制度、培训管理、应用的系统管理等安全机制，通过以上的制度、装置和设备的管理措施，形成了安全战略体系。

第三章　网络信息安全与对抗理论

互联网以其共享性、开放性、跨时空性等优势迅速在各行各业得到广泛应用和推广。但伴随其共享性和开放性的无限制状态，随之而来的是互联网正遭受人们恶意的破坏，使得网络信息安全与保密收到重大威胁，最终影响到个人、企业、组织，甚至是国家的安全。因此，探讨如何避免网络信息安全遭到破坏在当今的互联网时代显得尤为必要。本章分为网络信息系统安全对抗概述、网络信息安全与对抗发展历程、网络信息安全问题产生的根源、全球主要国家网络空间信息安全战略四部分。主要内容包括：信息安全与对抗的层次、信息安全与对抗的基础层原理、信息安全与对抗的系统层原理等方面。

第一节　网络信息系统安全对抗概述

一、信息安全与对抗的层次

（一）物理层次

首先，在组网时，应对网络的结构和布线进行较为充分的考虑，同时还应谨慎选择路由器、网桥的位置，并对其进行合理的设置，对一些较为重要的网络设施进行加固，从而使它的防摧毁能力得到进一步增强。在与外部网络相连时，往往会利用防火墙对内部网络结构进行屏蔽，对外界访问进行身份验证和数据过滤，并对内部网进行安全域划分和分级权限分配。

其次，过滤掉一些存在安全隐患的站点，将经常访问的站点做成镜像，这样做能够在很大程度上提高效率，减轻线路负担。

最后，进一步加强对场地的安全管理，主要包括供电、接地以及灭火等方面的管理，这一点与传统意义上的安全保卫工作相似度是非常高的。需要注意的是，网络中的任何一个节点都不能随意连接，必须要有相对固定的地点，对于一些较为重要的部件，还应安排相关人员定期进行维护和看管，以防遭到破坏。

（二）信息层次

信息层次的信息对抗是通过病毒等攻击手段，攻破对方的信息网络系统，从而获取敏感信息。虽然这一层次基本上属于对系统的软破坏，但信息的泄露、篡改、丢失乃至网络的瘫痪同样会带来致命的后果。有时它也能引起对系统的硬破坏。这一层网络防御的主要手段应该是逻辑的而非物理的，也就是通过对系统软硬件的逻辑结构设计从技术体制上保证信息的安全[11]。

（三）感知层次

在网络环境下，感知层次的信息对抗是网络空间中面向信息的超逻辑形式的对抗。这一层次的信息对抗主要采用非技术手段获取信息，如传播谣言、蛊惑人心、在股市中发表虚假信息欺骗大众等。

这一层次的网络防御，一是依靠物理层次和信息层次的防御，二是依靠网络反击和其他渠道[12]。

二、信息安全与对抗的基础层原理

（一）信息系统特殊性保持利用与攻击对抗原理

信息系统正常运行是一组时空域特定的关系集合表征，它是由特定的"对象＋规则＋信息＋使用目的"等组成的。这组关系的一旦发生变动和破坏，也就意味着系统服务的变动和破坏。因此，信息安全对抗中对抗双方围绕着系统特殊性的保持而展开对抗行动。

具体事物的存在等价于一种特殊的运动，可用一组特定的事物与环境相互作用的时空关系来进行表征，特殊性是事物存在的本质性质。在信息安全对抗领域，可以利用以上基本概念和原理，将其扩大延伸到系统层次，给出"特殊性"的系统表达，再将自组织机理引入到信息系统安全对抗过程中，形成对抗原理及对抗工作框架[13]。

---

[11]　吴晓平，魏国珩，陈泽茂，付钰. 信息对抗理论与方法 [M]. 武汉：武汉大学出版社，2008.

[12]　付钰等. 信息对抗理论与方法 [M]. 武汉：武汉大学出版社，2016.

[13]　罗森林等. 网络信息安全与对抗 [M]. 北京：国防工业出版社，2016.

在信息安全对抗领域，需要应用"特殊性存在和保持原理"，选择合适的"特殊性"以便在对抗环境中保持服务特殊性的存在并发挥作用，复杂事物多由各具特殊性的分事物整合形成其特殊性，在利用其特殊性时要特别注意。例如，某种疾病的诊断治疗往往需多种特殊性的正确获得和认识，缺一不可。

（二）广义时空维信息交织表征及测度有限原理

认识信息主要是认识信息的内涵，但因信息是客观存在事物运动状态的表征，内涵种类非常多和复杂，而且随运动动态变化，因此认识信息内涵进而进行有效表达以保持利用非常重要[14]。

信息可转化为四维关系组表征，即信息＝>（信息直接关联对象特征域关系＋信息存在广义空间域关系＋信息存在时间域关系＋信息变化域关系），这是将信息转化为关系表达的重要一步。

可利用测度概念建立表达多层次、多维的信息。测度是长度、面积、体积等概念的扩展，没有固定的定义。数学上测度的概念是，设 R 为某子集构成的环，如果 R 上集函数满足：①$E \in RM（E）>= 0$；②$\varnothing$是空集，则 $M（\varnothing）= 0$；③对任何 R 上任何互不相交的 {En}，可加性。

三、信息安全与对抗的系统层原理

（一）争取局部主动原理

争取局部主动的措施主要包括以下几点。

①对于一些较为重要的信息进行隐藏。比如在某个较为重要的时刻对一些重要信息节点信息的传输与交流过程进行安全状态控制，以保证其不被泄露。

②对己方信息在对抗环境下可能遭受攻击的漏洞进行反复分析，并提前制定相应的补救方案。

③运行动态监控系统，对攻击信息进行迅速捕捉和分析，并采取科学有效的措施来抵抗攻击。

④除了对以上措施进行采纳之外，还应同时进行综合运筹，以确保在对抗信息斗争的过程中掌握主动权。比如，倘若过早地采取措施，则很有可能会打草惊蛇，从而使重要的对抗信息遭到暴露。

⑤采用设置陷阱的方式，制造一些虚假信息，诱导攻击者发动攻击，进而

---

[14] 王越，罗森林. 信息系统与安全对抗 [M]. 北京：高等教育出版社，2019.

将其灭杀，这也是一种较为常见的斗争办法。相反的，攻击方也可以采用将计就计的方法来进行斗争。

（二）综合运筹原理

对待信息安全功能应根据具体情况，科学处理、综合运筹，并置于恰当的"度"范围内。更为重要的是，将信息安全这一重要问题融入整个系统，利用系统理论及信息安全对抗原理综合运筹，恰当地在系统功能体系中妥善处理各分项"度"的相互关系，从而使信息系统的功能得到充分发挥，同时还能确保不发生大的功能失调。

第二节　网络信息安全与对抗发展历程

一、通信保密阶段

通信保密阶段的起始时间约为 20 世纪 40 年代到 60 年代，其时代标志是1949 年香农（Shannon）发表的《保密系统的信息理论》，该理论将密码学的研究纳入了科学的轨道。在这个阶段所面临的主要安全威胁是搭线窃听和密码学分析，其主要的防护措施是数据加密。在该阶段人们关心的只是通信安全，而且主要关心对象是军方和政府。需要解决的问题是在远程通信中拒绝非授权用户的信息访问以及确保通信的真实性，包括加密、传输保密、发射保密以及通信设备的物理安全，通信保密阶段的技术重点是通过密码技术解决通信保密问题，保证数据的保密性和完整性[15]。

二、信息安全阶段

20 世纪 60 年代之后，半导体和集成电路技术得到了迅速的发展，与此同时，也带动了计算机软硬件的发展，从此以后，对于计算机和网络技术的应用就逐渐实用化和规模化，人们也不仅仅只是关注计算机使用的安全性，同时还逐渐关注起了它的保密性、完整性以及可用性，这也就意味着，从此进入了信息安全阶段。

到了 20 世纪 80 年代，计算机的各方面性能都有了一个质的飞跃，所涉及

---

[15] 张青凤，张凤琴，蒋华等 . 信息存储安全理论与应用 [M]. 北京：国防工业出版社，2012.

的应用范围也在逐渐扩大，可以说，在世界的每个角落都得到了普及。在这一阶段，首要任务就是要保证计算机系统中硬件、软件以及其在对信息进行处理、存储和传输过程中的保密性。其中，信息的非授权访问是当时存在的一个最主要的安全威胁，针对这一威胁，人们采用安全操作系统的可信计算基技术（TCB）来对计算机系统进行保护，但是这个技术却存在着一定的局限性，那就是没有超出保密性的范畴。

随着计算机病毒以及一些软件 Bug 等一系列问题的频繁出现，仅仅是保密性已经远远无法满足人们对计算机安全的需求，于是便逐渐产生了一些新的需求，也就是完整性和可用性。20 世纪 90 年代初，通信和计算机技术呈现出了相互依存的状态，Internet 作为一种技术平台，已经进入了普通百姓家中，对于计算机安全的需求便逐渐扩展到了社会的各个领域，这也就使得人们将关注的重点转向了具有本质性的信息本身，信息安全这一概念也就由此产生。信息不管是在存储、处理还是在传输的过程中，都应确保其不被非法访问或更改，也就是说，要在确保合法用户得到应有服务的前提下，对非授权用户的服务进行限制，所采取的措施主要包括一些必要的检测、记录和抵御攻击等。

至此，人们对安全性的需求除了保密性、完整性和可用性以外，还产生了一些新的需求，即可控性和不可否认性。在计算机安全逐渐向信息安全过渡的这个时期，使得密码学方面的公钥技术得到了迅速发展。其中，最为著名也是被广泛应用的即为 RSA 公开密钥密码算法，除此以外，人们对于完整性校验的 Hash 函数的研究和应用也越来越多。

第三节　网络信息安全问题产生的根源

一、网络信息安全存在的问题

近年随着国家治理体系与治理能力现代化的步伐不断加快，"五位一体"的总体布局与社会治理大数据、"互联网＋"的进程深度融合，给政治经济文化的安全管理带来新特点。

（一）政治信息安全问题

在开放的互联网中，世界各国特别是以美国为首的西方发达国家借助各种技术手段和优势，一面向其他国家传播和渗透本国意识形态，一面秘密获取他国重要政治信息。我国各级政府部门陆续在 Internet 开通官方网站，越来越广泛的信息公开让国家信息的传播和获取变得越来越便捷。国家信息遭到非法窃取或信息安全部门的信息系统被攻击破坏等问题屡见不鲜。

进入信息时代，信息在国家战争中扮演了相当重要的角色。传统的战争观念也逐渐为信息战所丰富。信息战概念的提出是在 1991 年海湾战争后，美国国防部颁发的《国防部指令》提到了信息战是旨在以信息为主要武器，打击敌方的认识系统和信息系统，影响制止或改变敌方决策者的决心，以及由此引发的敌对行为。亦指战场上敌对双方为争取信息的获取权、控制权和使用权，通过利用、破坏敌方和保护己方的信息系统而展开的一系列作战活动。信息战即充分发挥网络和信息的巨大威力，将实战与信息紧密结合，创造最小的伤亡和最大的战果。

信息战将极大地促进情报收集技术的进步和发展。目前，西方国家已经大规模应用无人侦察机、间谍卫星等进行前期的信息获取和情报收集。同时，信息战作为传统战争方式的补充和发展也得到了更加广泛的应用。在战前利用信息战获取对方的信息情报，从而造成对方信息指挥中枢的混乱，都是目前采用的信息战手段。信息战的引入和发展，使得不战而屈人之兵成为可能，并且能够在最短的时间内产生巨大的效果。

（二）经济信息安全问题

大数据产业、网络经济业态不但成为新的经济增长点，而且通过促进经济信息的共享和传播，为关联产业发展带来了更多便利和机遇。但这种"网络中枢"和"信息桥梁"也给非法获取经济信息提供了通道，一些不法机构利用互联网破坏金融系统、核心工业控制系统，获取国民经济信息等问题时有发生。

（三）文化信息安全问题

文化是一个国家的灵魂。在改革开放和网络时代背景下，世界各国的文化交流越来越频繁，这在便利我国民众积极传播本国文化、吸收他国优秀文化的同时，也让其他国家向我国民众输入劣质文化、国际情报机构或非法组织通过网络窃取我国文化机密、攻击或破坏我国文化传播渠道变得更容易。

二、出现网络信息安全问题的根源

（一）网络安全人才短缺制约产业发展

由于网络安全人才的数量和结构性失衡现象严重，网络安全人才成了制约我国网络安全行业健康发展的一个重要因素。而且"互联网＋安全"人才需要迅速扩大增加，"互联网＋安全"人才供不应求，也成为世界上任何一个国家普遍面临的紧急问题。中国互联网安全行业发展起步晚，其中的技术人员短缺现象特别严重。

网络安全的从业人员队伍中的大部分从事运营与保养、技术的保证、管理、风险评估与测试，而战略性的规划、架构设计、网络安全法律相关从业人员相对较少，网络安全专业的从业人员队伍呈现底部过大，顶部过小的结构，"重产品、轻服务，重技术、轻管理"的情况依旧普遍。随着国家"新基建"的逐步推进，网络安全人才短缺问题将日益加剧。

（二）网络信息安全的法律政策不完善

传统法治观念将虚拟化的网络空间潜意识的边缘化，这也是造成网络信息安全问题发生的原因。规章制度不健全、渎职行为等都会对计算机信息安全造成威胁。传统意识形态工作的开展主要是依靠政策支撑，而对于网络时代，网络信息技术与政策对于网络意识形态工作同样重要，如同鸟之两翼，车之双轮，都是决定网络意识形态安全的重要因素。做好这项工作，既需要核心技术的支撑，也需要完善的制度作为规范网络秩序的保障。

（三）网络安全技术和产业支撑能力不足

网络黑客和病毒都是人为的恶意攻击，这种恶意攻击会带有一定的目的性，会对计算机网络系统进行有选择性的恶意破坏，如果是被动的攻击就会使病毒潜伏在网络当中，虽然不会影响正常工作，但是会窃取、截获数据信息，尤其是重要的机密信息，会使电力系统遭受更大的经济损失。计算机系统硬件和其通信设施很容易受到外界的干扰和影响，如地震、水灾、泥石流、风雪等自然灾害和环境等自然因素对其构成一定的威胁。

此外，一些偶发性因素，如电源和机械设备故障、软件开发过程中留下的某些漏洞等，也对计算机网络构成严重威胁。这就需要更具有支撑力的网络信息安全技术，保障网络信息安全系统中各环节的防止入侵和漏洞控制问题。总体来说，网络安全体系中，有以下几方面原因引发了各类网络信息安全事件的发生。

Internet 的数据传输是基于 TCP/IP 通信协议进行的，这些协议缺乏使传输过程中的信息不被窃取的安全措施。

计算机病毒通过 Internet 的传播给上网用户带来极大的危害，病毒可以使计算机和计算机网络系统瘫痪、数据和文件丢失。在网络上传播病毒可以通过公共匿名 FTP 文件传送，也可以通过邮件和邮件的附加文件传播。

发现网站安全问题，却不能彻底解决网站技术的快速发展也让网站安全问题日益突出。但是很多网站开发与设计公司对网站安全代码设计方面了解不多。这也就决定了在网站开发与设计过程中，尽管发现了安全问题，还是不能彻底解决这些安全问题。在发现网站存在安全问题和安全漏洞后，几乎不会针对网站具体的漏洞原理对源代码进行改造。相反，对这些安全问题的解决还只是停留在页面修复上。这也可以解释为什么很多网站在安装了网页防篡改或者网站恢复软件的前提下，还会遭受黑客攻击。

不难发现，针对日益广泛的网络活动开展，网络安全技术的匹配还未跟上节奏，网络安全行业的内在推动，产业技术支撑力亟待加强。虽然近几年，网络信息安全以备受重视，但是整体行业还趋于初级阶段，网络安全设备的硬件研发和产品使用仍然是重点。针对网络安全软件的书写和开发，还有更大的发展空间。

（四）网络意识形态价值体系不健全

网络，在现代社会已经变得十分普遍，随处可以看见使用网络的人，老年人、小孩子、中年人们使用网络看电影、炒股、浏览新闻、办公等网络的出现给人们带来了一个崭新的面貌！有了网络，人们办公更加高效，更加环保，减少了纸张的使用。正好符合了当前的环保主题——低碳、节能、减排。并且，现在有很多高校都开设了计算机专业，专门培养这方面的高端人才，但也许，在培养专业的技能之时忽略了对他们的思想政治教育，在他们有能力步入社会的时候，他们利用专业的优势非法攻克了别人的网站成了黑客走上了一条再也回不了头的道路！确实是，网络不同于我们的现实生活，它虚拟、空泛、看得见却摸不着，而我们的现实生活，给人感觉真实。在我们的现实生活中，我们的活动有着一定的条例、法规规定，在网络世界中，虽然是虚拟的，但是它也有它的制度、法律法规。

网络安全问题不仅关乎个人的信息安全，对企业、地方乃至国家的安全都有着至关重要的意义。如何保障网络信息安全，如何预防信息安全隐患在近些年的研究中备受关注。要处理好网络安全问题,与大数据技术密不可分。应用大数据技术采集、分析、储存数据能够有效地对网络信息进行分析,解决网络安全问题。它在网络安全分析中的应用对于规避处理网络危机有着不可忽视的重要意义。

网络安全涉及多个方面,但其核心仍然是数据信息。网络安全问题通常指信息的传播、泄露、缺失、窃取等。常见的网络安全问题有不良信息传播、网络病毒、信息窃取。互联网时代信息的传播速度飞快,如果拥有一定的读者基础,一则消息可能在短短的几分钟内就突破上万的阅读量。这在很大程度上扩展了人们的视野,但也为不良信息的传播提供了有利条件。不良信息分为虚假信息和黄色信息。两者虽分属类别不同,但其带来的危害都是不容小觑的。虚假信息经由信息网络的放大化后,原本虚假的事情变作"真实",引起人们的恐慌,严重者甚至可能发展到对社会产生危害。黄色信息主要是针对未成年人,心智尚未成熟的未成年人过早地接触,若没有好的引导,可能危害到其身心健康,严重者甚至走向违法犯罪的道路。这些不良信息的传播都是极其恶劣的行为。

此外,网站维护人员对网站攻防技术的不了解也是造成网站安全问题不能得到彻底解决的一个重要原因。很多网站尽管有专业的网站维护人员,但是他们在发现网站安全问题后,并不具备全面的网站安全知识来解决问题。

第四节　全球主要国家网络空间信息安全战略

一、美国网络空间信息安全战略

(一)战略环境

美国是全球网络空间的主要缔造者和最大利益方,美国网络用户数量已达到 3 亿,位居世界第二,网络普及率超过 80%,美国政府和企业拥有全球最多的网络资源和核心技术,获得了全球 30% 的互联网收入。

如今,全球互联网产业链主要由一批美国企业占据和引导,其中,被称为"互联网中枢"的全球 13 台根服务器中有 10 台托管于美国企业,思科公司的核心交换机遍布全球网络节点,微软的操作系统已经占据个人计算机操作系统的 85% 以上,英特尔的 CPU(中央处理器)占据全球个人计算机半导体芯片市场份额的 85.2%，IBM 的大型计算机和 Unix 服务器等产品线长期雄踞全球第一（在中国内地的市场份额超过 80%），苹果公司的智能手机和平板电脑等在全球有巨大的影响力，而 Google（谷歌）、Facebook（脸谱）、Twitter（推特）等一批美国互联网企业的市场份额和影响力遥遥领先，被访问最多的 100 个网站中有 80 多个在美国……这一系列事实和数据表明，美国在当前和未来一段时期仍将对全球网络空间具有无可超越的控制力和影响力。但与此同时，美国也是发生网络犯罪和遭受网络攻击最早和最多的国家之一。为确保美国企业在网络空间的产业和技术优势，实现对本国和全球网络空间的安全塑造，从20 世纪中后期开始，美国政府通过政策制定、法律建设、机构调整等，对美国网络空间信息安全战略展开了一系列筹划和布局，并对全球网络空间信息安全的发展格局发挥了风向标作用。

（二）战略规划

1. 成立信息安全系统和专门机构

毋庸置疑，美国是当今世界信息资源最发达、信息手段最先进、信息保障系统最完善的国家。这与美国非常重视信息安全，并建立信息安全体系不无关系。美国政府协调国家安全局、行政管理与预算局和国防部等三个部门主管美国的信息安全工作。

9·11 事件后，美国成立国土安全部，结束了非军事网络信息安全事务多方治理格局，统筹协调 16 个关键基础设施部门相关的信息系统安全。美国内阁部门一般承担本部门相关的信息安全职责，以此为代表的行政部门是信息安全战略最直接的利益相关者，也是战略制定的主体。

2. 建立维护信息安全法规制度

2010 年 5 月，美国政府发表的《国家安全战略》强调网络安全威胁是对经济安全、公共安全最严峻的威胁之一。保护作为国家战略资产的数字基础设施与保护隐私权和公民自由一样，是维护美国国家安全的第一要务。

2011 年，美国总统奥巴马提出《网络空间国际战略》，将网络安全与军事手段直接挂钩，当网络受到攻击，军事手段可以介入阻止危害的进一步深入，这引起各国的高度警觉。近年美国政府推出的"信息安全保障体系"概念，总统直接领导下的专门机构负责全美的信息安全维护。法国政府于 2009 年 7 月，成立了网络与信息技术安全局，主要负责对敏感网络进行监控，并为政府提供对信息安全威胁的建议和服务。印度议会于 2005 年批准了《信息技术法》，印度成了目前世界上 12 个在计算机和互联网领域专门立法的国家之一[16]。

3. 推动网络空间安全防护能力建设

灵活反应思想十多年来一直被视为美国军事战略的主要基础，它第一次出现于前陆军参谋长马克斯韦尔·泰勒将军制定的"国家军事计划"中，当时该思想主要是基于大规模报复战略已经进入了死胡同的情况下而提出，泰勒将军认为如果美国无法迅速打赢战争的话就很有可能被卷入一场日益扩大的全面战争中，并被无限的消耗力量。所以美国更需要一种能对一切可能的挑战做出反应的能力，即灵活反应能力。在网络空间安全环境的复杂情况下，美国也同样陷入了一场与敌对势力的"长期战争"之中，并开始了为了适应新的环境和威胁、而进行改变。在认识到网络威胁、无法完全避免的情况下，美国开始思考如何减少受到攻击后的损失并缩短从损害中恢复的时间，这也就逐渐形成了美国网络空间"灵活性"建设的指导原则。

小布什政府曾指出"网络攻击的迅速发展为潜在攻击者提供了一种战略优势，使他们能快速调整攻击策略以发觉信息网络系统中的弱点，建立一个灵活的计划能够让政府机构对威胁进行重新评估并对资源进行重新分配。"美国作为世界上网络技术应用最广泛的国家，其受到的威胁、和攻击也是最多的，这就要求美国不仅要能及时地发现和预警攻击，还要能够经受复杂的网络攻击并能迅速地做出改变和调整。长期以来，美国都在不断地完善国家网络空间应急响应系统的建设，不仅成立了计算机安全应急小组以对威胁、进行实时监控和反馈，还颁布了《2016 国家网络事件响应预案》以促进经历过网络安全事件的实体更快恢复。这样一来，美国不仅能对网络空间安全威胁进行实时态势感应，还能够在受到攻击后进行迅速重建从而让设施更快地恢复正常，美国网络空间的整体灵活性与弹性也得以提高。

随着事件在大小、范围和复杂性上的变化，美国国内资源的数量、类型和来源必须能够迅速扩展以满足安全事件不断变化的需求。由此可见，"灵活性"建设成为衡量美国网络空间安全能力建设的关键因素之一。这一原则不仅帮助美国在复杂的网络威胁环境中避免一些不必要的损失，更进一步提升了美国各领域和设施的"生存弹性"，让其在受到攻击后能更快地做出回应并迅速恢复正常状态。所以保持"灵活性"这一原则将一直贯穿于美国网络空间各领域的安全能力建设。

---

[16] 崔鹏. 面向突发公共事件网络舆情的政府应对能力研究 [M]. 北京：经济科学出版社，2018.

4. 以确保美国优势为目标驱动网络空间领域进攻能力建设

美国在网络空间信息安全领域的优势来源主要来源于其本国强大的技术支撑和资源占有，但如果仅仅通过被动的防御来固守这些优势是不够的。面对网络空间领域日益增多的威胁和攻击，美国在网络空间信息安全领域采取了更多进攻性的政策。在军事上，美国为了保持自己在网络空间信息安全领域的压倒性优势，开始推动网络空间信息安全领域的进攻能力建设。主要表现为美国持续增加在网络空间信息安全领域的国防投资，大力研发各种网络军备并扩展网络战部队的人数与规模，在军事措施上开始采取主动威慑的策略，通过释放军方的权力让美国在发起网络战的时候变得更加自由和灵活。

此外，这种进攻能力还包含政治上的对外干涉。长期以来，美国试图把西方的价值观和人权理念向其他国家进行推广和渗透。在网络空间领域，美国的做法亦是如此。美国将网络技术的研发作为软实力发展的重要组成部分，并将网络空间作为本国价值观传递的载体与渠道以试图达到干涉他国内政的目的。可见，面对复杂多变的网络空间威胁形态，加强网络空间信息安全领域的进攻和干涉能力建设将是美国网络空间建设的重要原则之一。

5. 将网络威慑作为维护网络空间安全的重要手段

约瑟夫·奈认为：传统威慑理论主要建立在两种机制之上：一种是对一项行动进行可信的惩罚威胁；另一种是拒绝从一项行动中获益。威廉·考夫曼（William Kaufman）将威慑分为两个方面：第一是明确维护某一利益的意图；第二是有能力让攻击者知道这种做法的代价将是他们所无法承受的。

因此，传统威慑理论主要是基于意愿和能力让对方知道本国的实力以及将要使用武力的决心。但将威慑理论应用于网络空间领域时，其内涵却发生了一定的变化。由于在网络空间领域内攻击者的身份是秘密的且具有很强的不确定性，而且受害国并不知晓潜在攻击的具体领域以及持续时间，所以这就使得该国无法对伤害进行判断和评估，也无法寻找一个具体对象以展示自己网络空间实力和使用实力的决心，这就使得以惩罚威胁、为基础的传统威慑理论在网络空间信息安全领域的所起的作用并不是很大。基于上述问题，美国根据网络空间领域目标的不确定性对网络空间威慑手段进行了重新规划。

目前，美国在网络空间领域的威慑手段可以归纳为两种：第一种是拒绝威慑，即通过防御的手段来达到威慑的目的，让对手知道本国复原能力的强大性。这种方式主要是通过减少攻击者的资源和时间来增加目标发动攻击的成本，而本国则对外展示自身的防御能力和受到打击后的恢复能力，从而让潜在的威胁、对象在基于对本国复原力认识的基础上重新进行攻击成本和代价的预估，以慑止对手的攻击；第二种则是惩罚威慑，也同样是对敌普遍威慑的一部分。此种威慑主要建立在美国强大网络实力的基础上，通过强有力的政策宣告和报复性的反击让潜在对手意识到美国将网络攻击视为一种潜在的战争行为，假若对美国发动网络攻击，美国将通过多样化的手段和强有力的措施让攻击者付出无法承受的代价。与此同时，美国在进行主动威慑的同时还秉持"适度、精确和对称"的原则，尽量避免危机的扩散和升级，通过将报复手段限制在一定的激烈程度下以保证打击效果具有针对性。

比较而言，美国在网络空间信息安全领域的威慑带有很强的进攻性色彩，在奥巴马政府和特朗普政府的网络空间信息安全战略中都有着较为明显的体现。这种"主动威慑"战略的形成主要是美国国内认为通过防御手段来应付纷繁复杂的网络攻击已经完全不够了，需要通过溯源技术配合威慑手段以从源头制止网络攻击的发生；此外，该选择还基于美国网络空间信息安全领域强大的综合实力，尤其是强大的网络攻防能力保证了美国能在受到攻击后迅速恢复正常并准备反击，或是直接进行威慑打击等。这一方面增强了美国在网络空间信息安全领域的主动性，但另一方面也容易引起世界各国在网络空间信息安全领域的新一轮军备竞赛，给国际网络空间信息安全领域的稳定秩序带来巨大的隐患。

二、英国网络空间信息安全战略

（一）战略环境

英国是在政治、经济、军事、科技以及文化等领域拥有巨大影响力的世界强国之一。为打造知识经济强国，英国政府于 21 世纪初提出创建"电子英国"计划，并于 2009 年推出"数字英国"计划，宣布在 2012 年建成覆盖所有人口的宽带网络，每个家庭至少能享受到 2 Mbps 的宽带普遍服务。在政府和私营企业的推动下，英国网络社会和网络经济发展得到极大提升；截至 2020 年，英国网络普及率达到 90%，位居全球首位，远超欧盟 80% 左右的水平，信息通信技术发展指数、网络就绪度指数等衡量网络社会发展水平的主要指标也位居全球主要经济体前列。麦肯锡全球研究院的研究表明，发达国家 GDP（国内生产总值）中的 5.4% 来自网络经济，英国该项指标则高达 8%。而根据波士顿咨询集团（BCG）于 2015 年发布的报告，英国的互联网经济价值占到 GDP 的 8.3%，并保持 10.9% 的增长速度，两项数据在二十国集团中均位于前列。英国同时是全球在线零售的领先者，根据麦肯锡全球研究院的统计，英国人在2015 年平均每个人花了 5 535 美元在在线零售上，这个数字是美国的两倍，而英国的电子商务典型用户数是美国的 1.4 倍。

网络空间已经成为推动英国经济社会发展的核心引擎，是英国各类商业活动的重要领域，公用事业、食品生产和配送、运输、医疗保健、金融服务等诸多关键基础设施越来越依赖网络空间展开。但正因为对网络空间的高度依赖，英国也面临着越来越严重的网络安全威胁。据英国商业、创新和技能部（the Department for Business,Innovation and Skills)公布的信息安全调查报告，2012 年英国 93% 的大公司和 87% 的小公司遭受过网络袭击，各类网络犯罪和网络攻击行为导致英国每年损失数十亿英镑。在 2010 年英国发布的英国国家安全战略中，网络空间安全已被定义为与恐怖主义、战争、自然灾难并列的最高级别的国家安全威胁。

（二）战略规划

1.通过法律手段打击网络犯罪

（1）英国网络犯罪现状。

网络犯罪随着网络技术的发展而产生，是存在于虚拟世界的智能犯罪行为。实际上，网络犯罪的恶劣程度及其危害程度远远超出普通民众的想象。随着网络在人们日常生活中的普及，各种网络犯罪行为在英国愈演愈烈。英国政府在其 2010 年公布的战略防御和安全回顾报告中指出，恐怖主义、网络威胁、国际军事危机、自然灾害被列为英国国家安全的四大最高级别威胁。德蒂卡公司向英国内阁办公室提供了相关研究报告，该公司负责人萨瑟兰指出，网络犯罪分子身份各异，来源多种多样，比如有的身后有其他国家的支持，有的属于黑社会犯罪组织，也有的只是充满好奇心的普通青少年，他们身在自己的卧室里，却能通过远程操控获取某些公司的商业机密信息。

当前网络犯罪所造成的损失实际上是实物损失的一倍。可以这样说，头蒙丝袜手持枪械冲进银行抢劫的旧时代已经过去，如今的犯罪分子都只是动动鼠标键盘，通过网络就能窃取被攻破账户内的资金，而且这些犯罪分子被抓到的概率也很小。

网络犯罪已成为英国面临的重要安全挑战，该问题之所以屡禁不绝，主要包括以下四点原因。

第一，网络犯罪具有隐蔽性。随着技术的不断发展，网络暴露出许多技术方面的漏洞，同时网络上大量新兴事物产生也伴随着相应的各种投机机会。这是世界上大多数国家面临的问题，英国也不例外。而随着各种网络应用系统功用的日益强大，系统中所使用到的硬件和软件也相应地增加并且越来越复杂。尽管多数高科技公司投入了大笔资金用于完善各种网络应用系统的设计，尽量减少其不足和缺陷，提高其技术水平和实际功用，还努力防止其滥用，但事实上却是难以实现的。现有的各种操作系统、网络应用系统或者数据库软件都只能说是相对安全的，往往只能在许多网络犯罪的行为已经发生后才能处理，如安装补丁程序或者关闭可以网络端口等。据统计，网络犯罪一般来说主要是与财产相关，被发现的概率只有1%~5%，风险很小，又难以被追查到，具有较高的隐蔽性。因此，通常网络犯罪分子都有恃无恐，认为其绝不可能被追踪到。同时打击网络犯罪还存在着其他方面的困难，比如有些企业不愿意承认其系统曾遭到网络罪犯攻击，担心公司因此名誉受损，导致用户人心惶惶，从而遭受更大的损失，这就使得政府难以精确统计网络犯罪最终给国家经济带来的损失。

第二，网络犯罪具有利益驱动性。英国《经济学家》的某篇报道中就曾指出，2007年全球音乐产品的销售量下降了大约8%，其中70%损失的原因是文件共享软件的使用，这些软件的功能强大，网络用户可以通过这些软件在网上免费交换的歌曲、电影或者其他付费软件。网络犯罪分子从事一次网络犯罪行为，其利润竟然能达到46万~165万美元。网络犯罪行为与实际生活中的抢劫等暴力犯罪行为相比，其所获得的利益显然是低风险高回报的，对犯罪分子具有致命的诱惑力。

第三，英国有关网络犯罪的法律具有滞后性。一方面，英国作为发达的资本主义国家，接收了大量来自世界各地的移民。由于文化差异和种种其他原因，这些移民难以真正融入英国社会，这是英国政府面临的一个重大问题。英国十分重视法律和人权，因此在移民问题上一直恪守相关法律，并能确保移民的各种权利，尽管如此，英国普通民众与移民之间还是有着大大小小的冲突。随着当前网络已涉及普通民众生活的方方面面，有人通过网络夸张宣传，肆意将一些小的冲突扩大化，挑起各种宗教种民矛盾。这对英国的网络相关立法提出了新的要求。另一方面，虽然在英国一些法律上的漏洞可以通过实际判例予以弥补，但由于不断增长的大量未成年人触网，滋生出各种各样的网络犯罪也对英国的法律体系提出了极为严峻的挑战，这就使得立法机关必须适应快速变化的环境，立法速度应尽快与网络犯罪的蔓延速度相匹配。当然目前的实际情况是英国立法机关很难及时有效地做出反应。

（2）在法律框架下打击网络犯罪。

为有效应对网络犯罪对英国构成的严峻安全挑战，英国制定了在法律框架下打击网络犯罪的政策，以加强立法作为打击网络犯罪的中心措施，同时加强与国内其他和国际社会的合作。

首先，英国努力完善网络犯罪领域的相关立法。2006 年英国修订了《诈骗法》，该法目前是英国制裁网络诈骗犯罪的主要依据，明确界定了利用虚拟信息诈骗的犯罪行为。有关网络言论方面，2006 年英国制定了《反恐怖法》，其中的第六条规定了利用媒体传播恐怖主义思想或是宣传美化恐怖行为属于犯罪行为。另外，英国加入了《欧洲理事会网络犯罪公约》，公约内容在英国也具有一定的法律效力，该公约中对网络犯罪行为进行了界定，包括入侵计算机系统、通过计算机诈骗、有关网络内容犯罪行为和侵犯知识产权等。

英国安全大臣内维尔曾经表示，英国绝对不会惧怕网络犯罪，政府业已制定相关战略方针以解决这一难题。英政府将在投资 6.5 亿英镑用于执行打击网络犯罪的工作。内维尔指出，一些网络犯罪行为的确有来自一些国家的支持，虽然英政府有能力对其采取反击行动，但是考虑到与这些国家的友好关系，不会直接这样去做。因此，在这种特殊情况下，英国只能依靠自己，不断增强自身的网络安全防御能力，这是当前对英国来说最切实可行的方式。

同时，网络威胁究竟来自何处是很难以判断的，为此政府应当与企业界一起共同努力，一方面加紧发展完善网络安全防护措施，训练培养网络安全专门人才队伍，从而能够更好地应对网络威胁；另一方面英政府需要果断采取措施，力争将网络袭击扼杀在摇篮内，最好能做到在网络袭击的准备过程中就将将其彻底破坏。

其次，在打击网络犯罪方面加强与国内企业的合作。英企业界是遭受网络犯罪行为的重灾区。英国企业界每年由于网络犯罪而遭受的损失可达 210 亿英镑，主要包括 92 亿英镑的有关知识产权领域的损失，76 亿英镑的涉及工业间谍领域的损失，其他的损失来自于遭遇网络诈骗勒索、用户重要数据丢失等方面的损失。英国商业、创新和技能部在其公布的 2013 年度信息安全调查报告中指出，2012 年英国有 93% 的大公司和 87% 的小公司均遭到不同程度的网络袭击，同比增长 10%。其中不少网络袭击造成的损失均多于 100 万英镑。另外英国的大公司年平均遭遇攻击次数由 71 次增加至 113 次，小公司由 11 次增加至 17 次。英国公司平均遭遇攻击次数与 2011 年相比增加幅度超过 50%。

英国安全大臣内维尔表示，在当今社会，人们通过网络相互联系在一起，英国政府在网络安全方面的头等大事就是要保护企业不受侵害。下一步，英政府将展开对 IP 地址窃贼和工业间谍的行动。在英国，大多数公司实际上对其自身的计算机系统并不了解，甚至不明白其计算机系统的实际功效。同时英国企业对其员工的教育培训以及安全意识的培养工作做得不够好，存在着公司商业机密泄露等情况。英国首相卡梅伦等高官已敦促巴克莱银行、英国航空公司等大公司高层认真研究如何应对网络犯罪的问题。另外，英国政府还将公布一项行动计划，与企业界共同成立联合工作组进行有关工作，力争将更多的网络犯罪分子绳之以法。

再次，英国应对网络犯罪的其他措施。2013年7月，英国议会内政事务委员会发布的一份调查报告中指出，英国政府应尽快组建应对网络犯罪的专门机构，并与欧盟等合作伙伴联手，共同处理英国越来越多的网络犯罪问题，比如网络身份欺诈、网络金融诈骗、违法窃取数据、散播带有法律明文禁止的图片以及恐怖主义等极端主义材料等。该报告出台之前，英国政府曾表示要将打击网络犯罪的政策在国家安全政策的统一框架之下予以认真研究，将其作为国家治理框架改组的一部分。2013年7月，英国政府还宣布了与网络安全公司、电信公司等企业合作，以确保英国网络安全等一系列应对措施。在此之前，英国首相卡梅伦也曾宣布英政府将强化打击网络色情的有关法律，严格要求互联网内容提供商屏蔽虐待儿童的图像等不良网络信息。

2. 完善网络安全立法

随着网络的快速发展，网络安全问题已越来越受到各国的重视。加强网络监管力度，确保网络安全，特别是保障一国网络信息安全和民众隐私安全，已成为各国政府和人民的普遍共识。制定网络安全法律法规，完善相应管理体制，总结经验教训，提高科技水平，成为各国强化网络管理的重要举措。

（1）通过行业自律方式管理互联网。

英国于1996年成立了互联网监督基金会，其主要职能是搜集网络违法信息，发现违法网站并向网络服务商通报，同时要求网络服务商采取必要技术手段，禁止网民访问违法网站。2003年，英国政府设立通信办公室，该机构的职责包括建设可以帮助网络用户选择健康网络内容的分级过滤系统，制定维护网络内容标准，加强管理网络上的违法内容等。

随着英国网络问题日趋复杂，行业自律以及现有的法律法规难以实现良好的治理效果。比如2011年8月伦敦等地出现的严重骚乱，正是由于社交网站上大量煽动性言论助长了愤怒情绪，使得事件愈演愈烈，这给英国政府敲响了警钟。与此同时，国际恐怖主义组织在互联网上日益活跃，将互联网作为了组织恐怖活动的新工具。在反恐斗争中，英国反恐机构亟需在网络上搜集相关线索，但由于受到人为因素的影响，相关数据难以获得，这也加大了网络犯罪调查和预防以及反恐工作的难度。

可以看到，行业自律一直以来为英国互联网事业作出了较大贡献，切实保障了英国互联网的健康有序发展，但同时行业自律也具有一定的局限性，很难完全替代政府管理，因此为维护网络安全，英国政府也制定了许多法律法规。

（2）英国有关网络安全立法的进程。

1990年，英国政府制定了《计算机滥用法》。该法规定了与滥用计算机相关的三项罪行，一是未经合法授权滥用计算机，二是未经合法授权访问计算机并进行破坏，三是未经合法授权改动计算机原件。如果有人触犯上述法律条文，将被判处刑期为6个月至5年的有期徒刑。该法制定的目的是弥补当时法律体系在涉及黑客攻击等方面存在的漏洞。

1996年，在英国政府的支持和协调下，英互联网行业机构签署了《分级、检举和责任：网络安全协议》，这是英国第一个网络监管方面的法规，该法规要求网络服务提供商保证网络信息合法性，并明确了网络服务提供商和网络内容提供商的分工。

2000年，英国政府制定了《通信监控权法》。该法规定在符合法定流程的情况下，为了英国国家安全，或者是为保护英国经济利益，国务大臣有权监控某些信息或者强行公开某些信息。

针对垃圾邮件泛滥的情况，英国贸易及工业署颁布了《隐私和电子通信条例》。虽然该法例适用范围只涵盖英国的电子邮件发件人，惩治力度也不强，但在一定程度上限制了垃圾邮件滥用，降低了垃圾邮件对普通网络用户的安全威胁。

2006年，英政府颁布了《警察与审判法》。该法的内容包含计算机犯罪相关内容，并对计算机滥用法进行修正，将其中的服刑期限由6个月增加到2年，还将第三条"未经授权修改计算机原件"修订为"蓄意损害或入侵电脑的操作"，刑期最高达10年。

2008年，英国内政部制定了所谓的"监听现代化计划"，该计划目的是监控、保存英国网络上的所有通信数据，包括浏览网页时间、电子邮件地址等。

2012年5月，英国女王在议会开幕例行讲话中公布了英政府的立法计划，其中一项立法草案的内容是英国决定在严格保护个人隐私的前提下，增加情报和执法部门对网络通信的监督权，同意有关部门监管网络上的通信数据。该法案要求网络服务供应商和电信公司安装硬件设备，确保能够存储时间长达一年的通信数据，使执法机关和情报部门能够监控网络用户发送的电子邮件、短信

息、电话通信记录和网页浏览记录。该法案规定相关部门不能任意查看数据内容，只可获取频率、时长和通信对象等信息。

在此之前，英国安全部门只能在获得授权后监控电子邮件，此次将社交网站和网络即时通信工具纳入监控范围后，安全部门拥有了更大的网络监管权。

三、德国网络空间信息安全战略

（一）战略环境

德国是欧盟成员国中人口最多的国家，也是欧洲大陆最主要和最具影响力的经济与政治实体之一。作为全球制造业一流强国，德国也非常重视网络信息化的建设，德国政府于 1999 年制定的"21 世纪信息社会的创新与工作机遇"纲要是德国第一个走向信息社会的战略计划，进入 21 世纪后，德国又制定了"2006 年德国信息社会行动纲领"等一系列信息化战略。通过制定和实施信息化发展战略，德国的网络空间建设水平不断成熟。据统计，截至 2020 年，德国有 90% 的民众使用互联网。

随着互联网的高度普及，对互联网保障与监管的措施不可或缺。德国政治家挂在口头的一句话是"不能让互联网成为没有法度的空间"。从总体来看，德国网络空间安全管理的特点是以法治为基础，以战略为导向，网络空间信息安全重点领域除了保护德国关键的基础设施、信息技术系统免受网络攻击外，防止新纳粹组织通过网络传播极端思想、防止青少年通过网络接触色情信息，以及禁止借助互联网传播儿童色情信息也是德国网络的监管重点。

（二）战略规划

德国政府认为 21 世纪是互联网的世纪，维护网络空间的有效性以及网络信息的完整性、可靠性和机密性成为至关重要的问题，该战略对德国面临的信息技术威胁现状进行了评估，明确了德国网络安全总体的形势及特点。《德国网络安全战略》确立了德国网络安全的框架条件，即加强国内与国际合作，国内外政策兼顾，提出了德国网络安全的两个基本原则：一是网络安全必须保证与联网的信息基础设施的重要性以及需要保护的水平相一致，而且不损害网络空间的发展机会和利用率；二是维护网络安全必须加强信息交流与合作。在上述原则的指导下，文件确立了四个具体的战略目标：①保护重要信息基础设施；②保护德国信息技术系统；③加强行政管理部门的信息技术系统安全维护；④加强网络空间的犯罪控制。

四、法国网络空间信息安全战略

（一）战略环境

法国是世界上最发达的国家之一，按国内生产总值计算，是世界第六大经济体（2016年）。自1998年法国政府提出实现社会信息化行动纲领以来，法国网络社会得到全面发展，截至2016年，法国网络用户普及率为85%，位居世界前列。但从法国网络经济占GDP比值、信息通信技术发展指数、网络就绪度指数等指标来看，法国的网络社会发展水平总体处于发达国家的中游，落后于英国、瑞典等国家。为此，2013年2月法国总统宣布法国政府出台"超高速宽带网络计划"（le plan THD），该计划将耗资200亿欧元，保证法国一半家庭在五年内接入超高速宽带网络，十年内法国全部家庭接入超高速宽带网络，力求进一步推动法国网络社会的高速发展。

与此同时，如同英国、德国等国，法国也面临日益严重的网络安全威胁。除行政机关外，社会、经济、文化等方面也都受到信息攻击和网络犯罪的威胁。2012年7月，法国参议院发布的伯克勒报告，将网络安全称为"世界的重大挑战，国家的优先问题"。

（二）战略规划

2008年，法国政府公布了《国家安全与防卫白皮书》，把网络信息攻击视为未来15年最大的威胁之一。面对日益增长的网络威胁，白皮书强调法国应具备有效的信息防卫能力，对网络攻击进行侦查、反击，并研发高水平的网络安全产品。在白皮书倡议下，2009年，法国政府公布了一项网络防御战略，其目标是在寻求信息系统安全和全球治理方面发挥一个全球大国的主导作用。

2011年2月，法国政府发布了《法国信息系统防御和安全战略》（Cyber Security Strategy, France, 2011），这是针对网络信息系统安全保障的国家战略文件。这一文件旨在确保法国民众、企业和政府在网络空间中的安全，明确法国信息系统防御和安全的战略重点。《法国信息系统防御和安全战略》有四大目标：①使法国成为世界级的网络防御强国；②通过保护主权信息，确保法国决策能力；③加强国家关键基础设施的安全；④确保网络空间安全。

为实现上述目标，《法国信息系统防御和安全战略》提出了七项工作：①提前准备并分析环境，以便做出合理决定；②发展信息系统的攻击、漏洞检测能力，确保在遭受攻击时能够阻止攻击、警告并实时监控可能的受害者，帮助其采取适当的防御措施；③提高和保持科研、技术、工业和人力资源能力，维持必要的自主性；④保护国家信息系统和关键基础设施运营商，以便获得更好的国家抵御信息系统攻击强度；⑤修订法律以适应技术变革和新用途层出不穷的趋势；⑥在信息系统安全、打击网络犯罪和网络防御等方面开展国际合作；⑦沟通、告知和说服，以便法国能够采取措施应对与信息系统安全相关的挑战。

五、日本网络空间信息安全战略

（一）战略环境

日本是全球最富裕、经济最发达的国家之一，国家科技实力位居世界前列，国民拥有极高的生活质量。20 世纪 90 年代以来，日本政府认识到与美国在网络信息技术方面的差距，及时提出从"技术立国"向"IT 立国"的战略聚焦和转型，先后出台了包括"日本 IT 基本法""e-Japan 战略"（日本 IT 战略）和"e-Japan 计划"（日本 IT 计划）等一系列战略部署。得益于这些政策措施，日本信息产业发展和网络空间建设得到了全面提升，截至 2020 年，日本的网络用户达到 1.87 亿（规模排名亚洲第二，仅次于中国），位居世界第四，网络普及率为 85%。总体来看，日本网络信息社会发展水平已居于世界强国行列，并占据网络信息产业核心圈和产业链高端的地位，但同时受到来自内外部的挑战。

在信息化建设飞速发展的同时，日本也面临着严峻的信息安全问题，网络犯罪、网络泄密、病毒泛滥和黑客攻击等事件不断考验着日本的信息安全。2006 年 2 月，日本海上自卫队"朝雪号"驱逐舰机密情报通过网络外泄，被称为"日本防卫史上最大的泄密灾难"，其数量之大、细节之全、密级之高史无前例。同时，日本还不断受到境外黑客发起的网络攻击。面对日益严峻的信息安全形势，日本政府强调"信息安全保障是日本综合安全保障体系的核心"，并立足本国国情，采取了一系列行之有效的措施。

（二）战略规划

日本的 IT 起步比欧美等国家稍晚。2001 年 1 月，日本成立 IT 战略本部并提出"e-Japan 战略"，其目标是到 2005 年成为具有世界上最先进信息通信技术的国家。在基础设施的建设和法规制定取得了一定的成果的基础上，2003 年 7 月，日本又相继制定并实施了"e-Japan 战略 II"，将重点放在 IT 应用上，并逐年推出"e-Japan 重点计划"。日本早期的信息安全战略主要体现在 IT 基本法和 e-Japan 战略中。例如，IT 基本法第 22 条要求，要保障先进信息与电信网络的安全和可靠；e-Japan 战略Ⅱ中五个政策优先领域中有"开发安全可靠的电信环境"；2004 年 e-Japan 政策优先计划中五个领域又突出了"保障先进信息与电信网络的安全和可靠"等。

2003 年 10 月，日本政府发布首个日本国家信息安全专门战略——《日本信息安全综合战略》，其主要由三大基本战略组成，即"建设应对危机的社会信息系统，强化公共对策以实现信息安全保障""通过强化内阁功能整体推进信息安全"，提出通过日本信息处理推进机构和民间协调组织日本计算机网络应急技术处理协调中心（Japan Computer Emergency Response Team/Coordination Center，JPCERT/CC），以公司合作的模式，建立具有世界水准的"高度可信的社会"。战略任务主要包括六项内容：①确保信息通信网络的安全性及可靠性；②强调确保电子政府信息安全；③制定防范网络犯罪策略；④增强民众信息安全意识；⑤支援民间组织的信息安全对策；⑥研究开发信息安全的基础技术等。

2010 年 5 月，为适应不断变化的 IT 信息环境，日本内阁官房长官平野博文领导的信息安全政策会议通过了《日本保护国民信息安全战略》。这一战略有三大基本政策：①以网络攻击迫在眉睫的观念来对相关信息安全政策进行强化，并对相应机制进行整顿；②建立适应信息安全环境变化的政策；③建立积极的而不是被动的信息安全措施。这一战略的关键行动包括五个方面：①克服 IT 风险，实现国家的安全保障；②实施加强网络空间国家安全和危机管理技术政策，整合作为社会经济活动基础的 ICT 政策；③建立全面涵盖国家安全、危机管理和国家、用户保护观点的政策；④建立促进经济增长的信息安全政策；⑤建立国际联盟。《日本保护国民信息安全战略》的目标有两个：第一，通过实施该战略，于 2020 年前，在确保日本国民有效利用互联网及信息系统等 IT 技术的同时，努力消除信息技术方面的脆弱性，从而为日本国民打造一个能放心使用的信息通信环境（高品质、高可靠性、安全且安心的环境），使日本成为世界"信息安全先进国家"。具体而言，日本必须提高应对包括网络攻击在内的所有 ICT 威胁的能力，达到世界最高的水平，扩大和加强政府的突发事件管理能力，确保国家安全。此外，日本必须建立能让整个国家积极利用 ICT 的环境。第二，在 2010—2013 年，通过加快落实第二份信息安全基本计划（2009-2011 年）的要求，消除日本国民对信息安全的不安情绪。

六、韩国网络空间信息安全战略

(一) 战略环境

韩国是近半个世纪以来经济发展最快的国家之一，根据国际货币基金组织2015 年的测算，韩国经济总量位列第 15，相对购买力指标计算世界排名第 12位，是世界第七大出口国和第九大进口国。韩国也是世界上网络信息产业最发达的国家之一，不仅在芯片、显示器、智能手机等硬件领域具有极强的市场竞争力，而且其网络游戏等内容产业发展也占据世界前列，涌现出三星、LG 等一批世界级企业。韩国信息产业的高速发展很大程度上受益于政府的战略引导，早在 1999 年，韩国就公布了"Cyber Korea 21"政策，紧接着在 2002 年公布"e-Korea Vision 2007"政策，力促该国信息通信产业发展。2003 年韩国政府制定了详尽的"IT 839 战略规划"，重点支持"Ubiquitous Network"（无所不在的网络），以最终实现下一步国家信息化战略 U-Korea 目标。2009 年韩国政府又推出《IT 韩国未来战略》，将信息技术应用、软件、先进制造业、广播通信、互联网基础设施等五大领域确定为韩国信息产业核心战略领域，打造大企业和中小型企业一起成长的产业链。

在强大的产业支撑下，韩国社会信息化得到全面发展，截至 2020 年，韩国网络用户普及率高达 87.5%，排名世界第三，韩国的网络空间发展处于全球领先地位，并保持强劲势头。

尽管韩国的网络信息技术及其应用走在了世界前列，但其面临的网络空间信息安全威胁丝毫不亚于其他国家。早在 20 世纪初，韩国就爆发了一系列网络隐私侵犯和诽谤的风波，为此韩国国会通过修改《促进信息化基本法》《信息通信基本保护法》等法规，并于 2007 年 7 月开始实施网络实名制，成为世界上第一个强制全面推行网络实名制的国家。然而，韩国网络实名制实施后未能消除网络暴力的现象，反而给网络黑客提供了可乘之机。2011 年 7 月，韩国发生了空前的信息外泄案件，韩国 SK 通信旗下的门户网站 Nate 和社交网站"赛我网"被黑客攻击，约 3 500 万名用户的信息外泄（韩国总人口约 5 000 万），泄露的用户信息包括姓名、生日、电话、住址、邮箱、密码和身份证号码，由于网络实名制导致的公民个人信息大规模泄露的信息安全风险受到全社会关注。韩国政府迫于社会压力，决定分阶段废除网络实名制，2012 年 8 月韩国宪法法院裁定网络实名制违宪，执行了五年的韩国网络实名制被正式宣布废除。韩国网络实名制的兴废是全球网络空间信息安全政策的标志性事件，彰显出全球网络空间信息安全的复杂性和严峻性。

（二）战略规划

为了有效应对韩国网络空间面临的系统性威胁，韩国政府于 2011 年 8 月发布《国家网络安全综合计划》（National Cyber Security Master Plan）。这一计划在 2011 年 5 月 11 日韩国"国家网络安全战略会议"上拟定，由韩国企划财政部、外交通商部、国防部、金融委员会、广播通信委员会、行政安全部等十余个政府部门共同制定并实施。《国家网络安全综合计划》由战略目标、战略制定进度、战略要点、具体措施等部分组成。其中，战略要点分为五个方面：①建立企业、公共部门和军队系统的联合响应系统；②增强关键基础设施的安全和机密保护；③在国家层面防止和限制网络攻击；④通过国际合作建立威慑力量；⑤建立网络安全基础设施等。其具体措施包括六个方面：①建立网络威胁的早期检测和反应系统；②提高关键信息及其设施的安全等级；③开发可以增强网络安全的系统平台等；④从国际接口局、互联网服务商、企业及个人层面建立三线防御体系；⑤提高国民的网络安全意识，设立"网络安全日"，并开展"清净互联网运动"；⑥扩大网络安全方面的专业人才数量等。

第四章 网络安全遭受攻击的常见类型

网络信息的运输通畅、安全管理是保障网络资源高效服务的重要保障，但是在网络信息发展过程中，其经常受到网络攻击行为的影响，使得网民的隐私受到了不同程度的侵犯，为了提高网络运行的安全性和可靠性，需要对其独特的特点和影响网络攻击行为的因素进行分析，从而保障网络服务长期的正常化运行和发展。本章分为影响网络信息安全的人员、网络攻击的层次、网络攻击的步骤和手段、网络防御与信息安全保障四部分。主要内容包括：网络控制人员、网络安全管理者、网络攻击的定义和特征、网络攻击的发展历程、网络攻击的发展趋势等方面。

第一节 影响网络信息安全的人员

一、网络控制人员

构建网络信息安全控制机制首先应体现在完善网络信息处理行为的规范和追责机制方面，实现有关政策对确保网络安全的最大效能。目前，我国的网络信息安全管理工作，缺乏对网络信息服务提供商在网络信息安全方面的行为要求和限制，由于大数据的特殊性，网络信息服务提供商往往在网络信息安全方面掌握着更大的主动权，因此对于能够接触用户数据并进行处理的相关组织应该采取合理、安全的操作流程和技术，以保护用户信息免受非法披露、修改、使用，甚至丢失、破坏等侵害。网络信息服务提供商的行为应接受相关法律规定的约束，避免在大数据巨大利益的诱使下主动侵害用户网络数据安全。并且，网络用户对于个人信息的知情权也必须得到有效的维护，网络信息服务提供商有义务在数据信息受到非法侵害时及时向受影响的用户发出通知及警示。

网络用户构成网络信息安全管理工作的又一管理对象群体。网络用户并不是孤立存在的，而是处于相互连接的系统中。网络用户的信息行为是影响网络信息安全的重要因素之一，不安全的操作行为会在不经意间暴露个人隐私信息，且由于是网络用户的主观行为，使得追责工作难以有效取证。在规划、设计以及实施网络信息安全控制的各个阶段，必须把网络用户的信息行为管理放在重要位置，并且不能仅停留在限制和约束网络用户的信息行为层面上，更应该注重对网络用户在安全操作允许的范围内，对其网络行为进行必要的疏导和保护，从而确保他们在充分参与网络信息活动的基础上，规范其网络行为，从管理对象角度维护网络信息安全[17]。

二、网络安全管理者

在大数据背景下，网络信息技术发展迅速，而当人类获取信息技术进步所带来的利益的同时也在承受着技术进步所带来的信息安全风险。作为网络信息安全的管理者，网络信息监管部门是网络信息安全的重要保障。

先要明确作为网络信息安全管理者，必须具备较高的网络信息安全素养，尤其是在信息量剧增的大数据时代，海量数据对网络信息安全工作的影响已见端倪，在数据存储、数据挖掘、数据过滤等方面均面临挑战。网络信息安全管理者的信息安全素养是指管理工作人员积极适应网络信息安全管理活动职业所需要的和信息环境变化（如大数据环境）所要具备的有关信息安全方面的知识、能力和文化修养。只有具备较高的网络信息安全意识，才能从根本上明确网络信息安全工作的重要性，才能为掌握必需的安全工作技能与技术打下坚实的基础。

第二节　网络遭受攻击的层次

计算机网络攻击有其特殊性，有研究的内在价值。就目前而言，其并不存在一个完全意义上的国际法上认可的定义，但是仍存在一些重要的定义值得思考。计算机网络攻击虽与传统军事行动作战手段有相似之处，但也存在不小的差异。通过对其特殊性加以分析，并且逐步探讨其从战时到平时、从军队内部到民用领域的发展演变过程，有助于更准确地把握计算机网络攻击的本质，为

---

[17]　蔡豪. 大数据背景下网络信息安全控制机制与评价研究 [J]. 无线互联科技，2021，18（07）：33-34.

深入分析对计算机网络攻击的规制奠定基础。

一、网络攻击概述

（一）攻击概述

攻击，也即进攻（Attack）、入侵（Intrusion）、侵犯，是一种对客体的主动行为，为了达到某种破坏目的（或其他意图）而采取的自发行动。

1. 攻击理由

（1）直接理由。

"最好的防御就是进攻。"军事上是这样，网络上也是如此。对于敌人，不论你如何进行防御、抵抗，他们总还是千方百计、处心积虑地想搞阴谋、破坏，因为总觉得自己的网络设备、技术条件、攻击水平等高过对手，只有他们侵略、进犯他人的份，而没有他人还击、制裁他们的道理。不施以颜色、给予应有的制裁，他们一般是不会收敛或放弃的。

给予必要的进攻，"以牙还牙"，施以网络痛击、制裁，让敌人遭受同样的打击和重创，让敌方的网络陷入瘫痪，使敌人的信息系统出现故障停止运转……所有这些，可以让敌人领教我方的网络攻防实力、领会我方对待入侵者的严正态度和立场，使其受到震慑，不敢再轻易入侵，否则等待他们的将会是更为严厉、更大规模的报复性还击和制裁。

当然，攻击不能滥用，必须要看对象，加以区别对待。

对于恶意的敌对国家（或组织、机构）的网络入侵，在进行有效的防御之后，应尽快跟踪、查明攻击来源及对手的身份、目的，确认入侵的性质后，根据我方所受的危害、损失大小和等级，制订详细的反击方案，在准备充足以后，即可发动有针对性、目的性的网络反攻，攻击对方的网络使其受到同等（或更高等级）的打击，在目的达成后即可罢手。

对于非敌对的国家（机构、组织等），因内部矛盾或其他原因，在不违背相关法律的情况下，有限度地施以惩罚性攻击，使对手遭受同等的损失即可达到警告目的。

总之，为了对手不再肆无忌惮的入侵、攻击我方网络系统，施以必要的进攻、反击可以达到警告、教训、惩戒目的。攻击不是唯一的安全手段，它是配合我方防御的一项必要、辅助的手段，在特殊情况下能起到意想不到的效果。

（2）攻击的可能性。

漏洞是攻击的可能的途径。有什么样的漏洞，必然会有针对这一漏洞的特点、原理的攻击方法、手段和技术；漏洞越多，可供选择的攻击途径就越多，网络遭受攻击的概率越大；漏洞越严重，针对这一漏洞的攻击实施后的威力（破坏力，强度）就越大，网络防范的难度越大，被破坏后造成的损失也越大。

漏洞存在于计算机系统和网络之中，它是必然客观存在的缺陷——不论什么平台、系统，也不管什么软件、工具、应用等，或多或少、或早或晚都有缺陷。漏洞就像细菌（微生物）对于人体的关系一样。

漏洞造成的威胁是客观存在的：绝大多数发布在中等级别风险区域，低等级（或高等级）风险的相对较少。

"漏洞＋威胁＝风险"。威胁是某些可能破坏（损害）系统环境安全的动作（或事件）；风险是漏洞和威胁综合作用的结果。没有漏洞的威胁就没有风险，没有威胁的漏洞同样也没有风险。

低等级风险。漏洞使组织的风险达到一定水平，然而不一定发生。如有可能应将这些漏洞补好（去除），但应权衡去除漏洞的代价和能减少的风险损失。

中等级风险。漏洞使组织的网络系统的现实风险达到相当的水平，并且已有发生真实事件的现实可能性，应采取措施消除漏洞。

高等级风险。漏洞对网络的安全属性已构成现实危害，消除漏洞刻不容缓。

（3）攻击的现实性。

由于漏洞和缺陷的客观存在，攻击技术、知识的进化和发展，掌握这些漏洞和运用有关技术和知识对"钻空子"已经变得近可企及。软件（工具）的高度智能化和自动化，可以将原本复杂、烦琐的攻击过程变得简单化。

软件及工具的发展使得攻击行为和手段越来越多，难度也越来越低，网络安全现实也越来越严峻。

2. 攻击现状趋势

如今，网上的黑客入侵比比皆是，为了经济、政治、社会、个人等各种目的出现的攻击令各国的网络安全境况堪忧。即使在网络发源地的美国，每年的网络攻击和入侵给该国带来巨大的损失。

黑客和攻击者没有想到的是，他们的入侵行为无意中暴露了网络系统的隐患、缺陷和不足，科学家、工程师们针对他们的入侵发展了网络安全技术体系，改善了网络安全性。

当前，黑客技术和攻击手段的门槛不断降低，相关的知识和技术也得到了一定的普及，攻击变得更加频繁和不确定，网络遭受攻击和入侵的几率也在不断上升。

与此同时，网络入侵也大大提高了人们的网络安全防范意识，社会普遍给予了相当的重视，网络防御的技术和手段、理念也在不断发展之中。

攻击技术的变化特征：

今自动化攻击者利用已有手段和技术，编制能够主动运行的攻击工具。

今智能化攻击和病毒相结合，使得攻击具有病毒的复制、传播、感染的特点，攻击强度如虎添翼。

今主动化攻击者掌握主动权，而防御者被动应付；攻击者处在暗处，而攻击目标则在明处；攻击者往往先于防御者发现并利用系统的漏洞和缺陷，领先一步对漏洞的弱点"做文章"，防御者总是滞后作出反应。

今协同化 Internet 的资源是巨大的，可供攻击者利用的方法、技术、设施是众多的，不同地域的网络可以协同起来，为攻击者的全方位攻击提供了可能。

今全盘化攻击者群体由从前的专业化技术精英向一般化甚至非技术化的人员过渡，由单独、个体的行为逐步向群体、组织的行为转变；攻击目标从以往的 Unix 主机为主转向网络的各个层面上，网络通信协议、密码协议、DNS 服务、路由服务、应用服务甚至网络安全保障系统本身，几乎无一例外地都成了可能攻击的对象。

（二）网络攻击的定义

当下，将计算机网络攻击定位成新型非传统安全威胁的国家比比皆是，很多国家对其加以预防或规制的主要手段是采用民法或刑法等国内法律，只有少数信息技术研究较早较成熟的国家，以维护国家和军事安全为目的，能够上升到国际法层面来界定与分析计算机网络攻击。

在信息技术发展愈发迅速、网络环境更新换代的大背景之下，计算机网络攻击数量和程度的上升使得国际社会愈发重视对其的认定，国际社会迫切需要一个统一定义来规范计算机网络攻击的构成要件。不过就目前来说，计算机网络攻击并不存在具有国际法意义上被认可的统一定义，但仍存在一些值得国际社会借鉴的定义。

2006 年美国国防部在《联合信息作战条令》中修改了之前计算机网络攻击的定义，在新定义中强调利用计算机网络这种特定方式，对存储在计算机或其网络中的信息或计算机和网络本身所进行的一系列行为，包括扰乱、剥夺、削弱或破坏。这种强调摒除了以传统武力即动能方式攻击计算机的情形，对国际社会的影响较大。2009 年 5 月，美国哈佛大学 HPCR 组织制定了最新的并有重要价值的《空战和导弹战国际法手册》，其中归纳出了新的计算机网络攻击的定义，在包含作战条令中所述的行为之外，还另外提到了"控制"行为。该定义反映了国际社会相关利益方对计算机网络攻击的相对态度，为日后计算机网络攻击的深入研究奠定基础。2013 年由北约组织编纂的《塔林手册》对计算机网络攻击选取了广义的定义，即"在网络空间领域里的意图或者可能会致使人的伤亡或者物的毁损不利结果的作战行动"。这个定义对损害结果界定的标准，并不以实际发生为前提，而是凭借主观判断，扩充了计算机网络攻击的范畴，易影响客观性，反映了西方某些国家的倾向。

计算机网络攻击与传统军事行动中的动能攻击二者具有很多不一致性，因而对其含义加以界定存在困难。但随着研究和探索的日渐加深，基本构成已经相对清晰，相对方向也大致确定。不过计算机网络攻击技术更新换代，各国的利益各有不同，对其含义的界定也必然会不断变化。各国应充分归纳总结网络空间变幻多端的发展现状及规律，并密切结合国际社会相关立法及实践经验，以此为前提不断加强交流与合作，以求在日后的发展过程中对计算机网络攻击的基本含义达成国际共识。

（三）网络攻击的特征

计算机网络攻击在发生场所、攻击方式、确定性、损伤后果等内容上具有不同于传统军事行动作战手段的特点。

1.攻击场所的虚拟性

传统军事行动发生在看得见、摸得着的实际存在的领域，而计算机网络攻击发生的领域尤为特别，不是像陆地、海洋等实际空间使人们可以真切把握，而是一种虚拟空间。计算机网络攻击最主要的直接作用对象是网络空间内部的信息、计算机和计算机网络。

也就意味着，并不是说把一切针对计算机或其网络的攻击都列为计算机网络攻击的范畴，要透过现象看本质，如果仅通过实施如对设备进行轰炸等的物理手段，那么就不能将其归为计算机网络攻击中来，其仍应该归为传统作战手段。虽然计算机网络攻击发生在网络这种虚拟空间，看似与现实世界无关，其实会对现实世界造成举足轻重的影响，并不能成为法律真空地带，并不能肆意而为，仍需要国际法对其加以规制，以确保网络空间秩序的稳定。

2. 攻击方式的特殊性

传统军事行动是通过使用动能武器发动的，而计算机网络攻击的"武器"并不像传统武器那样种类丰富，而是仅靠数据信息，即一定的代码指令。但并不是所有通过计算机发动的攻击都是计算机网络攻击，还要根据攻击与受损害结果之间的因果关系加以充分判定。在有些攻击行动期间，虽然计算机数据流参与其中，而且构成了攻击的必备要素，但最终导致受损结果的直接原因不是由于数据流而是由于动能武器的发射导致，那么在此种情况下，就不能将其认定为计算机网络攻击，而仍旧作为传统的动能攻击，用传统办法对其加以规制。因此，国际法在规制过程中对动能攻击和计算机网络攻击进行有效区分是必要之举。

3. 攻击对象的不确定性

传统军事行动具有确定性，能够确定作战双方，进而被攻击国可以准确及时地实施反击。但网络空间这一领域所具有的虚拟性、匿名性等特殊之处不容忽视，一项计算机网络攻击的突然发生，很容易造成被攻击国的措手不及。就目前而言，跨国计算机网络攻击若想准确、快速查出攻击源的位置并不是一件易事，因技术原因攻击源所在国并不一定就是攻击发动国。此种攻击行为的不确定性会导致无法确定攻击源头的类型，不知是官方还是非官方，造成对计算机网络攻击源所在国开展军事攻击欠缺合理依据。这种不确定性使得对计算机网络攻击行为的约束和归责问题变得颇为复杂。

4. 损害后果的非物质性

传统军事行动带来的后果往往只有物质性损伤，包括财产或人员的大量受损等，而计算机网络攻击虽然也会造成物质性损害后果，但由于其使用数据信息作为攻击手段，针对的也是网络空间中的对象，最直接的是造成非物质性破坏，如造成计算机系统的瘫痪，这种非物质损害后果虽然不能被人们直观感受到，在表面上不像传统军事行动带来的冲击力那么明显，但对于网络发展较快的今天，对信息资源愈发依赖的国家和军队来说，非物质损伤带来的影响和破坏程度往往是十分巨大的。然而，要严密论证计算机网络攻击在造成的规模大小和后果程度方面与传统军事行动武力攻击程度相当，并不是一件容易的事情，因为计算机网络攻击带来的物质性损害后果可以根据实际损失进行评估，而针对其造成的非物质性损害后果这种无形后果，在对其加以判别的时候会导致主观性及任意性出现的可能性增大。因此，也对国际法的规制带来了不小的难题。

（四）网络攻击的主要形式

网络攻击武器的基本原理就是利用交战一方信息系统的漏洞，从而更改计算机服务后台的指令以及采用特殊的侵入软件对其信息系统发动攻击来实现破坏行为。随着计算机网络攻击技术的不断完善，网络攻击所利用的攻击方式也在不断变化和成熟。

1.DDOS 式的网络攻击

2007 年 4 月 27 日，爱沙尼亚官员搬动了一座苏维埃纪念馆，这座纪念馆是来纪念二战期间在纳粹战争中牺牲的一位不知名的俄国人。纪念馆长期以来一直是俄罗斯裔爱沙尼亚民族主义团体的聚集地。在官方将纪念馆从塔林市中心迁到城外的塔林军事公墓后，导致了成千上万的俄罗斯族爱沙尼亚人的抗议活动，最终这场活动演变成暴力，并导致保守党，数百人被捕，一人死亡。这一事件引发了一系列针对爱沙尼亚国家网站的分布式拒绝服务（DDOS）攻击。爱沙尼亚政府网站通常每天接待 1000 次访问，攻击导致每秒钟接待 2000 次访问，网站在攻击后关闭数小时。这些攻击变得更加复杂，持续了数周，直到北约和美国安全专家前往爱沙尼亚调查并保护计算机免受进一步攻击。爱沙尼亚最初将攻击归咎于俄罗斯政府，其他人声称俄罗斯与网络犯罪分子合作，使他们的大型僵尸网络被用于滥用。

这些攻击与俄罗斯政府无关，而是来自一个松散的独立攻击者联盟的自发的行为。从这个案例中我们可以看出这是一个典型的网络攻击行为，但是它发动的主体是个人而不是国家政府。

2.病毒式的网络攻击

2012 年，美国总统奥巴马政府官员承认，计算机蠕虫病毒（Stuxnet）是美国和以色列旨在破坏伊朗核计划的一个联合项目。在 2008 年，在纳坦兹（Natanz）的一个地下设施中，通过一个雇员的闪存驱动器，首次将 Stuxnet 蠕虫病毒引入伊朗计算机系统。Stuxnet 的设计目的是突然降低用于浓缩铀的离心机的转速，导致其部件断裂，从而破坏整个铀浓缩操作。Stuxnet 蠕虫最具厉害的方面是，当它改变离心机的速度时，操作室的计算机会报告离心机的正常工作，表明没有问题。Stuxnet 成功的操作，直到程序中的一个错误允许蠕虫在感染工程师计算机后被释放。工程师把他的电脑连接到互联网时，蠕虫病毒传播，从而感染了全球超过 10 万台电脑，并将 Stuxnet 暴露在公众面前。

奥巴马政府决定使用 Stuxnet 进行攻击，蠕虫病毒有效地摧毁伊朗的核计划。美国政府认为它将伊朗的核发展推迟了 1.5 倍至 2.31 倍，而其他国家则报告说，伊朗承担了 Stuxnet 造成的大部分损害。伊朗的震网病毒是一次典型的网络攻击行为，由国家实施，目标是对方国家的基础设施。尽管该行为给伊朗造成重大影响，但摧毁几十台浓缩铀离心机的行为很难可以被称为网络战争行为。

3. 匿名邮件式的网络攻击

总部位于东京的日本公司美国索尼公司（Sony Corporation）在 2014 年 11 月 24 日遭遇了对其信息技术系统的攻击，摧毁了数据和工作站，攻击者发布了内部电子邮件和其他材料，目的是阻止在美国上映的有关朝鲜领导人的电影。美国联邦政府，美国联邦调查局（FBI）和国家情报局（DNI）将索尼互联网网络和系统受到的攻击归咎于朝鲜政府，朝鲜政府否认与此事有任何牵连，但赞扬一个名为"和平卫士"的黑客组织。奥巴马总统将这一事件称为"网络破坏行为"，并公开承诺"以我们选择的地点、时间和方式"对朝鲜所谓的网络攻击作出"相称的反应"。这个事件可以让我们清楚地看到网络犯罪活动和网络攻击行为之间的联系，尽管此次网络破坏行为是针对个人公司，但明显带有政治目的，虽然朝鲜政府否认了该行为，但不可否认的是这是一次网络攻击行为。

（五）网络攻击的时代背景

1. 信息技术的发展和网络攻击的兴起

科技的进步使世界各国越发加深了对互联网的依赖，除了传统形态上的武器装备外，国家还面临着来自网络领域的潜在威胁，这种隐患可能带来的损失绝不亚于传统的武装攻击。支撑整个国家运转命脉的关键基础设施的网络系统一旦被侵入或者破坏后，很可能会发生难以估量的巨大损失，也许会给国家带来灾难性的损害。在高度信息化时代，网络攻击作为一种新的攻击方式对国际社会和国家安全都带来了严重威胁。

随着科学与信息技术的飞速发展，国与国之间相互攻击的方式也在发生着巨大的变化。"武力攻击"的内涵和外延也在不断地发展，网络攻击已经成为一种新型的攻击方式。正确认识和积极应对与日俱增的新型的武力攻击方式，特别是来自网络的攻击与威胁具有十分重要的意义。网络攻击的破坏力绝对不容小觑，它能轻而易举地破坏一个国家的重要基础设施，进而造成大量的人员伤亡和巨额财产损失。这样的例子不胜枚举，例如通过网络攻击破坏操纵火车运行的计算机系统，会导致火车误入轨道发生碰撞的危险事故；城市交通控制系统遭攻击后恶意瘫痪，造成大量交通事故、紧急火灾、医疗和执法等相关部门不能做出及时的反应；破坏计算机供水操作系统，攻击者能够轻而易举地控制阀门，从而引起水管大面积破裂；用于激活发动大规模灾难性行动的逻辑炸弹被植入城市应急反应计算机系统。

互联网的飞速发展和日渐普及使得现代社会对网络的依赖性越来越高，网络已经渗透到政治、经济、社会、文化等各个领域，网络安全成为关乎国家安全的重要课题。近些年来，网络攻击事件频繁发生。2012 年沙特阿拉伯石油公司的 3 万多台电脑遭受黑客攻击，而且据调查，网络袭击针对的不仅仅是石油公司，而是整个沙特的经济。除此之外，瑞士、韩国、吉尔吉斯斯坦、英国、立陶宛及中国等都声称遭受过不同程度的网络攻击，有许多攻击行为造成了巨额财产损失甚至人身伤亡。网络攻击已然成为信息时代的一种新型的攻击方式，引起了世界各国的广泛关注，各国把网络安全都放到了国家安全的战略高度，同时也引起了国际法学界对国际法适用于网络空间的深入探讨。

2. 从网络攻击到"网络战争"的提出

网络以迅猛发展之势，在"网"住人们生活的同时，也渗透到世界军事的各个角落，信息技术的飞速发展掀起了一场世界范围内的"新军事革命"，尤其是自 20 世纪末，在美国发起的海湾战争和科索沃等战争中，信息与网络技术在战争领域中发挥了至关重要的作用，这场悄然而至的"新军事革命"越来越受到世界各国的普遍关注。科技的飞速发展会在很大程度上导致战争形态的变革，"新军事革命"的本质就是信息技术在军事作战领域的延伸。信息时代的战争目标、战争形态、战争理念等整个战争思维体系与机械化时代的战争内涵和外延存在着巨大的差异。

战争形态的改变很大程度上取决于科技的进步，军事系统与军事形态的信息化使得现代战争已经不只是局限于陆、海、空等传统的作战领域，由网络设施组成的虚拟网络空间成了新的作战场所。作战空间多维化作战领域正逐步由传统的陆、海、空三维空间向陆、海、空、天、电（磁）网六维空间扩展。"网络空间"日益被大多数国家所重视，毫无疑问，战争形态正在经历着"有形"到"无形"的转变。战争形势日趋科技化和信息化，并逐渐发展演变成为一种新型的作战形态——"网络战"。

"网络战"真正引起人们的广泛关注开始于 1988 年 11 月 2 日，当天晚上，美国国防部战略系统的计算机主控中心和各级指挥中心相继遭到计算机病毒的入侵，无法正常运行。这起由计算机研究生制造的恶性事件，向人们展示了"网络战"的主要运作形式和巨大的破坏力。1991 年的海湾战争，首次把网络攻击手段引入到传统战争领域中并发挥重要作用。在科索沃战争中"网络战争"又有了新的发展。这场战争被认为是"网络战"在实战领域的第一次真正运用。在这场战争中，北约的网络信息系统屡次遭受到了南联盟和俄罗斯的全面抗击，指挥中枢系统也曾被迫停止运行，损失惨重。

（六）网络攻击的发展历程

计算机网络攻击在一开始并不是大范围、大面积出现的，而是只在军事领域有所体现。1991 年海湾战争，美国用计算机网络病毒"抹黑"了伊拉克的防空系统，致使其陷入瘫痪状态，作战能力急速下降，美国因此获得了很理想的作战效果，计算机网络攻击在军事领域的重要作用也初见端倪。还有一个经典战例是科索沃战争，其发生于 1999 年。在科索沃战争持续期间，除去实施轰炸等传统物理攻击，北约在加强网络防备举措的同时运用网络手段，对塞尔维亚的防空体系进行猛烈打击，干扰南斯拉夫联盟计算机网络以及通信系统；南斯拉夫联盟也毫不手软，利用多种病毒，使得北约部队内部重要军事信息网络蒙受了程度各异、为数众多的干预与损害，致使其出现故障，甚至出现计算机网络的完全瘫痪的状况，犹如枯鱼涸辙。这次战争对国际社会而言具有十分重要的价值，不仅使得国际战略格局的塑造受到很大程度的影响，从另一个角度来说，计算机网络攻击的规模及其作用效果也使得人们开始逐渐意识到其在现代战争中的重要地位。但是总体来说，由于 20 世纪 90 年代各国科技发展水平并未达到相当高的程度，因此通过计算机网络进行攻击仍作为战时采用的手段，针对敌方军用通信设备进行干扰与破坏，并不会波及民用领域。

现代社会与网络是不可分割的，依赖性日渐提升，计算机网络攻击的独特优势日益显现。首先，这种攻击具有时空优势，无法受到时间、地域等因素的制约与干扰，可以随时发起攻击，可以针对任何一台或很多台计算机甚至是整个计算机系统发动特定攻击；其次，这种攻击隐秘性更强，发动攻击时不易被外人发现，并且可以通过对数据加以修改的方式以达到良好的掩护效果，使得敌方难以轻易、迅速查找到目标源。计算机网络攻击所具有的独特优势日渐引发各国的重视，其拥有巨大军事价值和重要的战略地位。

随着网络技术的发展，国际社会发生多起无论从规模还是影响上来说都十分巨大的网络攻击，并且频率也在日益提升。计算机网络攻击已经变成国际社会间的"博弈利器"。它从最开始的战时手段逐渐向和平时期演进，从军方内部转向民用网络设施领域，从简单的改写演变为侵入整个网络系统，影响着一个地区甚至整个国家的政治、经济、社会生活的安定和谐。

2007 年，爱沙尼亚遭遇不明网络袭击，并且规模巨大、涉及面很广，其攻击对象众多，涉及一系列重要机构和媒介，诸如国会、政府、银行、媒体网站，最终致使爱沙尼亚的基础服务体系全面瘫痪；2010 年，伊朗布什尔遭遇严重危机，其核电站的计算机系统受到蠕虫病毒——"震网"（Stuxnet）的入侵，引致上千台设施成为废弃物，伊朗的核项目建设水平急速下降、举步维艰，大大影响了伊朗国家的发展。"震网"事件是计算机网络攻击导致有形物质损害的第一起重大已知事件，其影响后果甚至不亚于一场军事战争；2014 年，德国钢铁工业控制系统遭受外来计算机网络攻击入侵，使得炼钢炉不能正常关闭，损失巨大；2017 年 5 月，全球爆发勒索软件攻击事件，波及包括中国在内的众多国家高校校内网、政府专网等，规模之大、影响之深；2017 年 6 月，欧洲多国再一次发生范围广、规模大的网络攻击事件，机场、银行和大型企业等多个关键领域网络系统受到 NotPetya 病毒攻击，最终陷入瘫痪状态，损失惨重。

由以上案件可以看出，多起发生在和平时期，规模纵深、影响之广的计算机网络攻击对各国造成了不小的伤害。虽然在某些情况下计算机网络攻击未酿成与军事战争中传统武力攻击类似的直接的人员伤亡和物质毁损的消极后果，而是造成无形损失，但这种无形的伤害后果程度也是非常深的、不容被忽视的，影响着国际社会的安全稳定。计算机网络攻击的出现日益频繁，影响日渐加深，亟待通过合理规则对其加以有效制约。

二、网络攻击的基本层次

（一）第一层攻击

第一层攻击基于应用层的操作，典型的攻击包括拒绝服务攻击和邮件炸弹攻击，这些攻击的目的只是干扰目标的正常工作，化解这些攻击一般是十分容易的。

一旦在网络上发现拒绝服务攻击的迹象，就应在整个系统中查找攻击来源，拒绝服务攻击通常是欺骗攻击的先兆或一部分，如果发现在某主机的一个服务端口上出现了拥塞现象，那就应对此端口特别注意，找出绑定在此端口上的服务；如果服务是内部系统的组成部分，那就应该特别加以重视。许多貌似拒绝服务的攻击可能会引起网络安全措施彻底失效，真正的持续很长时间的拒绝服务攻击对网络仅仅能起到干扰的作用[18]。

（二）第二层攻击

第二层攻击指本地用户获得不应获得的文件（或目录）读权限，这一攻击的严重程度根据被窃取读权限的文件的重要性决定。如果某本地用户获得了访问 /ump 目录的权限，可能使本地用户获得写权限从而将第二层攻击推进至第三层攻击，甚至可能继续下去。

本地攻击和其他攻击存在一些区别，"本地用户"（Local User）是一种相对的概念。"本地用户"是指能自由登录到网络的任何一台主机上的用户。本地用户引起的威胁与网络类型有直接的关系，如对一个 ISP 而言，本地用户可以是任何人。本地用户发起的攻击既可能是不成熟的，也可能是非常致命的，但无论攻击技术水平高低，都必须利用 Telnet[19]。

（三）第三层攻击

在第二层的基础上发展成为使用户获得不应获得的文件（或目录）写权限。

（四）第四层攻击

第四层攻击主要指外部用户获得访问内部文件的权利。而所获得的访问权限可以各不相同，有的只能用于验证一些文件是否存在，有的则能读文件。如果远程用户利用一些安全漏洞在服务器上执行数量有限的几条命令，也属于第四层攻击。第四层攻击所利用的漏洞一般是由服务器的配置不当、CGI 程序的漏洞和溢出等问题引起的。

（五）第五层攻击

第五层攻击指非授权用户获得特权文件的写权限，如 Windows 系统的注册表文件。该层攻击利用了本不该出现的漏洞，在此级别上，远程用户有读、写和执行文件的权限，这类攻击都是致命的。

（六）第六层攻击

第六层攻击指非授权用户获得系统管理员的权限或根权限。这一层攻击也是利用了漏洞，攻击也都是致命的。

一般来讲，如果阻止了第二层、第三层及第四层攻击，那么除非是利用软

---

[18]　周海刚. 网络安全技术基础 [M]. 北京：北京交通大学出版社，2004.

[19]　周斌. 网络攻击的防范与检测技术研究 [J]. 电脑知识与技术，2010，6（13）：3326-3327.

件本身的漏洞，五、六层攻击几乎不可能出现。

第三节　网络遭受攻击的步骤和方法

一、网络攻击的步骤

（一）攻击准备

攻击准备阶段可以分为两个过程：一是确定攻击目标，另一个是信息收集。在攻击之前确定攻击目标，想要实现什么样的攻击效果，给对方造成什么样的后果。攻击目的一般包括破坏型与入侵型。

破坏型攻击与入侵型攻击是两种完全不同的攻击，破坏型攻击是破坏原有的目标，使其停止正常工作，而不是控制目标系统的运行。入侵型攻击是指在获取一定权限之后，实现控制目标或者是窃取信息的目的，这种攻击比较常见，但是危害也比较大，一旦获取攻击目标的权限，就会对服务器实施具有毁灭性的攻击。

攻击目标一点确定之后，就要尽可能地收集有关攻击目标的信息，有助于实施攻击，有关于攻击目标的信息主要是指服务器程序的类型、版本、性能、目标操作系统的类型、版本等。

（二）攻击实施

当相关信息收集到一定程度之后，攻击者就可以实施攻击了，如果是破坏型攻击，利用必要的工具发动攻击就可以。如果是入侵型攻击，一般是利用收集到的信息，寻找系统的漏洞，根据漏洞得到一定的权限。根据实际情况确定下一步的计划，一般情况下得到用户权限就可以实现攻击的目的，但是攻击者都会想方设法获得系统的最高权限，这不仅仅是为了实现攻击的目的，更是为了现实攻击者的实力。

（三）攻击后处理

攻击者实现进攻之后，如果离开系统没有后续工作的开展，攻击者的行径很容易被管理人员发现，攻击之后需要进行相关的善后工作。网络操作系统都具有提供日志记录的功能，会记录系统上发生的事件，攻击者完成攻击之后，要处理之前的攻击行为。

如果是破坏型攻击者，攻击者需要隐藏自己的行径，有时候还需要在此收集信息，用于评估攻击过后的效果，如果是入侵型攻击者，也需要隐藏自己的踪迹，但是攻击者可以利用自己获取的权限任意修改系统上的文件。隐藏踪迹最简单的方法就是删除日志，这样可以删除自己的踪迹，但是也意味着告诉管理员系统已经被入侵，这样暴露的可能性无异于加大了。正确的方法时修改日志中与攻击行为的相关的内容，不能将日志全部删除。修改日志也并不代表万无一失，不能确保修改过后任何痕迹都没有，可以通过替换一部分系统程序的方法进行隐藏踪迹。攻击者在第一次攻击成功之后，很有可能会进行第二次攻击，这就需要留下后门，方便后续的进攻与登录。除此之外，还有一种需要攻击者具备良好的编程技巧才可以实现的攻击，修改系统内核的方法使管理员没有办法发现攻击行为。

二、网络攻击的手段

网络攻击的主体是黑客，网络攻击工具以木马、后门和蠕虫病毒为主，这些攻击的主要类型如下。

（一）口令入侵

1. 口令入侵的定义

口令入侵是指利用一些合法的账户与口令登录到目的主机，然后在实施攻击活动。这种攻击实施的前提是事先获得主机上的合法账户。利用合法账户获得口令，最终实现攻击的目的。获取一般用户账号的方法有很多，主要包括以下几种。

①利用电子邮件地址，收集相关信息。

②利用目标主机的 Finger 功能。当使用 Finger 相关功能时，主机系统会自动保存用户的资料。

③查看主机是否具有习惯性账号。很多系统具有习惯性账号，这样就增加了信息泄露的风险。

2. 口令入侵的方法

①利用系统管理员的失误。人毕竟都不是完美的，或多或少都会出现失误，计算机系统中会有用户的基本信息，管理员在操作过程中可能会出现失误，黑客在发现之后，可以利用失误进行突破，获取口令文件之后，再使用专门的破解程序进行破解，最终攻占用户系统。

②通过网络监听。这是一种非法的获取口令的方法，这种方法的危害很大。对于监听已经有简单的了解，监听者会使用中途截击的方法，获取信息、用户账号、密码。很多信息在传输的过程中并没有加密，只要利用数据包截取工具就可以轻松获取用户的账户与密码。有的攻击者会利用软件与硬件工具时刻监视系统主机的工作，等待用户登录之后，获取用户的账户与密码。还有一种更恶劣的方法，在用户与服务器端完成"三次握手"之后，通过在通信过程中扮演第三方的角色，假冒服务器欺骗用户，再次假冒用户向服务器提出恶意请求，这样的攻击方式是非常恶劣的，后果是很严重的。

③得知用户账号后，利用专门的软件进行强制性的破解口令。这种方式不受网络的限制，但是攻击者要具备足够的耐心。无论是操作过程还是操作时间，都会耗费大量的耐心，但是整个破译的过程都是计算机程序自动完成的。

（二）放置特洛伊木马程序

特洛伊木马程序可以直接攻击用户的电脑，并实施破坏行为，经常出现在各种游戏工具程序中，用户打开之后也就意味着打开了含有木马程序的软件，执行信息安全理论与技术程序之后，就会留在用户的电脑之中，用户的计算机系统中隐藏着一个可以在 Windows 启动中悄悄执行的程序，一旦用户连接到网络，程序就会自动通知攻击者，攻击者在接收到这些信息后，会利用潜藏在用户电脑中的程序，肆意修改、删除、复制用户硬盘中的内容，进而实现控制用户计算机的目的，攻击计算机网络信息安全。

（三）WWW 的欺骗技术

用户会利用计算机网络浏览各种各样的 Web 站点，例如浏览各种新闻、咨询问题等，很多用户在浏览过程中可能不会经过严格的筛选，往往是随机选择，可能他们也不会预想到自己平时浏览的网站可能已经被黑客攻击、篡改，自己浏览的网页已经出现了问题，用户一旦浏览，就会向黑客服务器发出信息，黑客就会达成欺骗的目的。

这种欺骗技术最常用的两种方法是 URL 地址重写与相关信息掩盖技术。尤其是 URL 地址重写技术，攻击者可以将自己的 Web 抵制地址加载所有 URL 地址前面，这样用户一般很难分辨地址的安全性和有效性，他们会在不知不觉中进入攻击者的地址，一旦浏览器与某个站点相连接，黑客就可以在地址栏和状态栏中获取用户的相关信息，用户在发现错误的情况下，攻击者会利用 URL 地址重写的同时，应用信息掩盖技术，以实现欺骗的目的。

（四）电子邮件攻击

电子邮件在日常生活中应用的十分广泛，因此也有一部分攻击者会选择利用电子邮件攻击，常见的攻击手段有向邮箱发送大量没有意义的垃圾邮件，最终使邮箱崩溃，没有办法继续使用。如果垃圾邮件的发送量非常大时，可能会造成邮件系统无法正常操作，甚至会出现系统瘫痪的现象，对于一般的攻击手段来讲，电子邮件攻击具有很强的破坏性，也是一种相对简单的攻击手段。电子邮件攻击的方式主要有以下两种。

1. 电子邮件欺骗

攻击者假装自己是系统管理员，给用户发送邮件，要求用户执行自己的要求，修改口令，在看似正常的附件中发送带有病毒或者木马程序的附件，攻击用户的计算机。

2. 邮件轰炸

利用伪造的 IP 地址与电子邮件向同一邮箱发送大量内容相同的垃圾邮件，迫使被害人的邮箱被轰炸，严重的话会造成电子邮件系统无法正常运行甚至是瘫痪。

（五）网络监听

网络监听是一种比较高级的攻击方法，主要是监听主机的一种工作模式，主机可以接收到本网在统一条物理通道所传输的所有信息。系统在校验密码时，用户输入的密码会从用户端传送到服务器，攻击者可以在传输过程中进行监听。如果碰巧遇到两个主机的通信信息都没有加密，只要使用特定的网络监听工具就可以获得信息。监听还是存在一定的局限性，但是利用监听可以获得所在网络所有用户的账户与口令，从而为网络攻击奠定了基础。

（六）利用黑客软件攻击

利用黑客软件攻击是计算机网络中出现频率比较高的攻击方法，很多著名的特洛伊木马可以通过非正常的手段获取用户电脑的使用权限，进一步实现对电脑的控制，除了可以任意修改、删除、复制文件之外，还可以获取用户的密码，盗取用户的相关信息。

黑客软件可以分为服务器端与用户端，在进行攻击的时候，可以通过用户端程序登录，服务器端程序比较小，一般会附在某些软件之中，如果用户下载了一个小游戏，在打开游戏的过程中，黑客软件的服务器端就会显示安装完成。

很多黑客软件的适应能力与重生能力比较强，用户想要彻底清除它们并不容易，彻底清除有时会影响计算机上的原有软件。很多木马程序都善于伪装，往往会伪装成图片或者其他格式的文件，黑客常见的攻击手段有以下几种：①信息的收集；②系统安全弱点的探测；③建立模拟环境，进行模拟攻击；④具体实施网络攻击；⑤协议攻击；⑥拒绝服务攻击；⑦网络嗅探攻击；⑧缓冲区溢出攻击。

（七）安全漏洞攻击

计算机系统中都会出现安全漏洞，有一些漏洞是为了日后维修故意设计的，还有一些漏洞是操作系统或者软件本身具有的。很多系统在不检查程序与缓冲之间变化的情况下，就会出现数据输入长度的无限制，如果将溢出的数据放在堆栈里，系统仍然不会出现异常，依然照常执行命令，这种情况就比较危险，攻击者只要发出超过缓冲区可以承受处理的范围，系统就会自动陷入不稳定状态。

攻击者会使用不同的方式攻击用户的计算机，进而掌握用户网络的绝对控制权，常见的蠕虫病毒与其他类型的病毒都可以对服务器进行拒绝服务攻击的进攻，这种病毒的繁殖能力比较强，会通过不同类型的软件向众多的邮箱中发送垃圾邮件，最终导致邮件系统出现问题，直至崩溃，计算机网络一旦出现问题，就会影响人们的日常生活，甚至会造成经济损失。不管是个人还是组织都要掌握一定的计算机网络信息知识，尽量避免出现不必要的错误。

第四节　网络防御与信息安全保障

一、我国网络防御困境

在坚定立场的同时，也应清醒地认识到中国目前在应对计算机网络攻击时所面对的现实困境。

（一）自身发展的局限性

中国在网络空间开始探究的时间是相对较迟的，无论是在理论基础上还是实践活动中，都和西方网络强国大相径庭。2017 年 6 月 1 日起正式施行的《网络安全法》，作为我国第一个明确对网络空间这个特殊领域中的安全治理事项加以系统规范的基础性法律，具有重要意义。但与其他国家相比，我国在网络问题上的立法经验还十分不足，相应法律法规不够完善，仍有待进一步细化和充实。虽然我国是网络大国，拥有众多网民以及浩大的网络系统，但却仍不具备网络方面的核心技术，基础设施薄弱，无法与其他发达国家相比，特别是在网络核心技术等事项上无法做到根本独立，而是始终寄人篱下、任人宰割，易遭受外部计算机网络攻击带来的破坏和威胁。而且，我国目前在网络安全研究上的高端专业人才寥寥无几，对人才的培养重视程度不够，也必然减缓了我国互联网的发展，无法跟上当前社会发展脚步。

虽然这些年，我国愈发关注网络空间这一新领域国际规则创设的相关问题，而且在多种国际场合提出诸多举足轻重的思想和理念，给国际社会带来了不少新鲜血液，但仍未能改变我国在国际社会中所处的弱势地位，在网络空间领域国际规则制定中始终缺乏足够的话语权。中国当前在网络空间领域国际规则制定过程中的所作所为，并没有真正起到实质性效果，从某种程度上说，大多情况下仍是仅仅保持在参与的浅显状态。

（二）西方国家双重标准

以美国为首的西方发达国家通过运用自身所占上风带来的便利，反复灌输"网络自由"和"人权保障"的思想，渲染"中国网络威胁论"，对我国提出的有关网络主权的观点进行刻意歪曲，还曾借助媒介和学者所具有的影响力，毫无忌惮地抹黑中国，鼓吹中国是国际社会网络攻击意图最强、入侵实力最激进的国家等不当言论。为达到其背后目的虎视眈眈地将中国视为网络空间的主要假想敌之一，肆意打压、干预中国等诸多国家，凭借本国法律有理有据地对自身网络空间进行的审查和管束行为。不断减低"自卫权"行使条件，以方便自身在网络空间扩张意图的实现。在另一边，却强调对自己国家网络安全的保护，持续巩固网络基础设施建设，对本国互联网进行高要求管束。西方国家双重标准在网络空间体现得淋漓尽致，在与自身利益毫无关系时，就倡导网络自由不受限，同时频频批驳其他国家对互联网的管理；一旦计算机网络攻击威胁自身利益，就马上打"主权"牌，为自己能够"反击"其他国家找寻各种机会和理由。这种相互矛盾的做法呈现了其霸权主义的手段。美国所倡导的"网络自由"并不是真正的自由，而是美国控制下的自由，意图为打开他国网络大门设定前提，意图在网络空间也建立以美国为核心的国际秩序。西方的双重标准，限制了中国参与网络空间国际对话和国际法新规则的制定步伐。

（三）网络防御的基本立场

在应对计算机网络攻击时，我国必须坚持捍卫网络空间主权和和平解决网络争端基本立场不动摇。这些基本立场和基本主张是我国从真正意义上参与网络空间这一领域国际规则制定的重要前提，为我国更好地参与网络空间治理、维护网络安全带来方向上的指引。

1.捍卫网络空间主权

主权的含义随着国家的实践与时俱进、推陈出新，内容不断丰富。网络空间主权无可辩驳地作为现代国家主权在网络空间这个特殊领域里的延伸与发展，具有十分重要的战略地位。虽然在虚拟的网络空间中并不存在明显的边界，但网络空间的国家主权与现实世界的国家主权并没有本质上的差别。网络空间存在主权已然是国际社会公认的毋庸置疑的客观事实。对网络空间主权进行有效保卫，是对国家利益保障的一种重要体现。

宪章开宗明义地确立了现代国际关系交往中的基本准则，无论何时何地，都应予以坚定遵守，其中就包括重要的主权原则。网络空间虽然与其他领域相比是一个崭新的空间，但是宪章的精神对其的适用绝对不可否认。捍卫网络空间主权，是我国维护网络安全，进而上升到维护国家安全必须要坚定的立场。虽然网络空间高度全球化，国与国之间联系密切，但这并不表示一国在网络空间的主权可以被肆意践踏。诸多非传统领域安全问题日渐凸显，网络空间的主权显示出越来越重要的地位，没有网络安全，国家安全与发展也自然无从谈起。就当下网络空间发展形势而言，是一种无法保持平衡的状态，由一小部分国家占领控制着资源和技术的绝对上风，倘若在此种情况下对本该归于自身的网络主权不能很好地加以保护甚至加以否认，那么必将使发达国家加快争霸的步伐，加重网络空间利益相关各方的对立与争执，无法使本国乃至国际社会安定有序。

2015年7月1日起施行的《国家安全法》，通过法律明文规定形式强调了对国家网络空间这一领域的主权加以维护的重要主张。坚决捍卫本国网络主权，抵御外部计算机网络攻击带来的威胁，与此同时，还要做到尊重不蔑视他国网络主权，不做危害他国主权的行为，时刻呈现我国身为国际社会有担当、负责任的大国良好姿态。

2.和平解决网络争端

宪章开门见山地将维护世界和平与安全作为宗旨，体现了人们对于和平稳定的诚挚期望。而网络空间作为国际社会新的发展领域，如何应对网络空间引发的国际法问题，自然引发了国际社会对其的重视。倘若网络环境复杂混乱，对各国乃至世界的影响都是十分消极不利的，拥有良好的网络环境，有助于国际社会秩序的稳定发展。西方大国"武力制网"的本末倒置主张有很大的主观性和随意性，是无益并且过度的，成本过高、影响过大，如果轻易认同计算机网络攻击这种攻击行为构成"武力攻击"，易造成滥用自卫权的现象发生，会在一定程度上促使了网络空间军事化走向以及网络军备竞赛的加速推进，不利于网络空间的国际合作，也就意味着从根本上降低了网络空间应有的安全稳定性，在国际社会营造一种紧张的氛围，进而影响着国际社会的稳定，最终导致国际关系的混乱。虽然计算机网络攻击涉及的网络安全问题不能被忽视，考虑到最坏的情况并加以预防是各国的关键任务，但是绝对不能过分重视灾难性事项，过度渲染网络威胁，而忽略最可能发生的网络问题。

在国际法体系之下，诉诸武力只是作为例外体现，网络安全的最终目的是要塑造国际社会和平的局面、最大限度地限制暴力，而并非为了在各国之间制造新的矛盾与冲突。网络空间不该变成国际社会利益相关方一个新的冲突战场，不应靠武力争夺话语权。中国政府倡导的"去军事化"与国际社会根本利益是一致的，具有重要的现实意义，和平解决网络争端符合国际社会发展方向。

（四）我国网络防御的主要原则

1. 坚持在网络空间的国家主权

一直以来中国高度重视网络安全问题，主张网络空间的和平发展以及尊重和维护网络空间的国家主权理念。

网络主权问题已经成了当前网络空间国际竞争的焦点问题，各国基于各自利益的不同倡导不同的网络治理模式。在网络时代，网络安全和国家安全息息相关，网络主权和国家主权也休戚相关。网络主权原则应当像国家主权一样成为维护网络空间国际秩序的基本原则。

中国作为负责任的大国，一直以来都致力于通过外交手段树立自身的良好形象，网络空间秩序的建立仍然需要中国积极主动的推动。西方国家出于意识形态领域的差异，多年来在互联网领域信息监管方面对中国充满敌意，攻击中国有关网络主权的主张，中国政府应当利用多边、双边等渠道，积极地开展网络外交，通过世界互联网大会这一平台加强与国外的交流，从而有助于我国进一步树立网络大国的国际形象，最大限度地宣扬我国的网络主权主张。

尽管我国政府有关网络主权的主张已经在国际上产生了巨大影响，但是在网络主权的具体内涵（数据主权、信息监管）方面还有待于学界和政府共同的探讨，通过扎实的理论研究支撑我国的有关主张。除此以外，我国还应加强对美国、欧盟、俄罗斯等网络大国在网络主权方面的政策与立法的研究，更加了解西方国家的政策倾向。与主要的发达国家相比，我国互联网建设和研究方面仍然势单力薄，只有加强学界与政府的互动交流才能形成良好的理论研究机制。

中国还应运用法治思维提出中国的主张，运用法律外交手段使逐渐形成的网络主权国际法规则真正地反映本国的利益。通过世界互联网大会、上合组织等多方平台的建设，促进各国之间的交流对话，积极运用法治思维反映我国的诉求，进而实质性的主导相关国际规则的制定。

中国立足于网络空间命运共同体的理念不断倡导网络主权，维护国家主权利益。通过国际社会的共同发展加强国际互通和交流，可以更好地维护本国的利益，有力地回击国外的敌对势力。

2. 遵守"禁止使用武力原则"

禁止使用武力原则作为《联合国宪章》的一项基本原则，在维护国际和平与安全方面发挥了重要作用。任何国家都不得使用武力或威胁使用武力侵犯另一国的领土和主权完整。网络空间作为国家安全的"第五疆域"，虽然不具有明确的国界线，但是网络空间的主权理念也逐渐被世界各国所接受。尽管网络空间有其特殊性，任何国家也不得在网络空间使用武力。

网络攻击作为网络空间新型威胁，具有作为网络战争武器的可能性，应该由国际法加以规制。以美国为首的发达国家针对网络攻击的研究主要侧重于战争领域，试图推进网络空间的军事化发展，这些行动对于构建和平有序的网络空间极为不利。网络攻击作为新型的攻击手段具有潜在的威胁性，"禁止使用武力原则"完全可以适用于规制网络空间的使用武力行为。遭受武装攻击的国家享有自卫权是《联合国宪章》明文规定的内容，但是不应为赋予国家行使自卫权的合法性而扩大"使用武力"的范围，这种做法不利于建立和平稳定的网络空间秩序。

中国一直倡导国际社会的和平有序发展，在"和而不同"理念的指导下谋求与其他国家的共同发展。中国应坚持遵守"禁止使用武力原则"，积极推动网络空间的和谐有序发展，同时还应坚决反对西方国家将网络空间军事化的意图。武力治网的不利于网络安全领域的国际合作，只有积极倡导遵守"禁止使用武力原则"和和平原则才符合国际社会的根本利益。

3. 推动缔结规制网络攻击的国际条约

（1）缔结网络国际条约的必要性。

中国作为安理会的常任理事国有义务维护国际社会的和平与安全，网络攻击作为当代社会的一种新型安全威胁，严重影响着国际社会的安宁，尤其是国家行为主体发动的网络攻击将会严重打击受攻击国，从而引发一系列的国际问题。中国一直秉承负责任大国的理念，不断为国际社会的和平与发展而努力，中国也应从国际全局出发推动网络国际条约的缔结，为缓和潜在的国际冲突尽一份力。

对于缔结网络国际条约，国际上也存在一些反对的声音。有学者认为，网络国际条约可能会限制一国的进攻和防御的选择，虽然使用网络攻击作为战争武器与战斗机、坦克和航空母舰相比价格相对低廉，但可能降低达到最终目标所需的整体水平；网络攻击作为战争工具不够发达，不值得创建一个网络条约，特别是"这些网络技术基本上是双重用途，广泛使用，而且容易隐藏"，几乎很难对这些技术进行核查，从而引起国际社会的严重担忧。

网络国际条约的构建将使某些类型的网络战争攻击的发动变得更加困难，同时建立的国际行为准则为各国提供国际法律掩护。例如，建立一项"不首先使用网络攻击作为战争武器的协议"，这样的协议不仅具有巨大的外交吸引力，而且可能会使限制某些国家使用网络战争武器，因为这样做会违反国际准则，从而威胁国际和平与稳定。违反协议的国家在国际社会的行动中会受到一定程度的国际谴责，国际社会对该国在冲突中的基本立场的支持可能会受到损害，该国遭受国际制裁的可能性也会增加。

尽管网络国际条约的缔结将澄清国际法应用于网络攻击的适用性问题，但更应该考虑相关国家的相互冲突的利益，以及各种各样的技术能力问题。美国、俄罗斯和中国等大国在国际网络安全防范上占据重要地位。这些国家的利益和其他技术先进国家的利益的区别在于"战略重点、内部政治、公私关系"等方面的差异性，这些差异性将继续在如何使用、监管和保护网络空间上使他们区分开来。尽管如此，技术上的进步也意味着技术上的依赖，很可能是这种技术上的依赖导致了网络国际条约的依赖从而不可避免地导致了防御的脆弱性。

美国、英国等国家强调保护计算机网络免受破坏和盗窃，中国和更强调保护信息安全，信息安全意味着控制通信或社交网络工具从而保障政权稳定。俄罗斯的信息安全目标更关注于"俄罗斯的精神复兴"和"俄罗斯联邦国家政策的信息支持"。例如，俄罗斯政府认为"信息战是媒体为公众舆论所做的旨在危机期间保持民众情绪和忠诚的一个非常重要的方面"。

网络条约的真正驱动因素可能是对第三世界国家或非国家行为者的恐惧，他们有兴趣利用网络攻击来破坏第一世界的经济和关键基础设施。网络攻击被认为是对信息高度重视的社会的最大威胁。随着技术依赖程度的增加，网络攻击的脆弱性也在增加。例如，非国家行为者和技术水平较低的国家在技术先进的国家（例如美国）可以拥有不对称的优势，因为它们较少依赖网络技术。与核武器的发展不同，网络攻击武器相对而言制造成本低廉而且容易获取。他们不仅是超级大国的玩物，而且很容易为普通国家获取。因此，网络攻击也可能成为弱势国家的有力武器。

无论拥有先进网络技术的发达国家，还是网络技术相对落后的发展中国家，都认识到了网络攻击的危害性。国际社会更加希望通过以缔结条约的方式以应对网络攻击带来的威胁。

（2）缔结网络攻击国际条约的构想。

网络空间是由网络组成的，其中包括全球数千个互联网服务提供商，没有任何一个国家或组织能够独自维持有效的网络防御。要真正解决网络攻击的挑战，就必须进行国际协作，网络攻击问题的范围是全球性的，解决方案也必须通过全球协作。

国际社会应当建立一项多边协定。首先，它必须就网络犯罪、网络攻击和网络战提出共同定义。其次，它应该就诸如信息共享、证据收集和对参与跨国网络攻击的人进行刑事起诉等方面的国际合作提供框架性的构建。这一框架应侧重于刑事化的挑战，以维护个人对互联网和相关技术的合法使用。网络攻击条约制度的首要目标应该是为网络攻击、网络犯罪和网络战略制定一个共同的定义。这些定义可以作为针对网络攻击和网络犯罪的国内犯罪立法的基础，也可以作为更广泛的国际合作的基础。网络攻击的定义，应当包括以达到政治或国家安全目的所采取的任何破坏计算机网络功能的行动；网络犯罪的应当包括非国家行为者通过计算机系统的手段实施的违反刑法的犯罪活动；最后，网络战争指的是能够造成人身伤害或财产损失，并且与常规的武装攻击相当的网络攻击。

各国可以在全面的具有约束力的条约、不具约束力的宣言或通过独立协议的背景下，对网络攻击、网络犯罪和网络战作出明确的定义，以期待更广泛的未来合作。即使是独立的非约束性定义声明也可以为未来的合作提供一个重要的起点，并且可以为以后的国内刑事立法提供一个共同的参考。

除了制定网络攻击、网络犯罪和网络战的共同定义以外，各国还应信息共享、证据收集和对参与网络攻击的人的刑事起诉方面进行更广泛的合作。欧盟2001年制定的《布达佩斯犯罪公约》，规定了广泛的网络犯罪的协调监管。这项条约在虽然仅局限于调整欧洲范围内网络犯罪行为，但是它为网络攻击问题提供了一种治理框架为以后更全面的协议的制定提供了很好的借鉴。

在这一框架下，新协议应要求各方通过国内法律，禁止实施该条约内规定的网络攻击行为，以使各国法律相协调。该协议可以以信息共享为开端，在通过刑事执法机构识别和制止网络攻击来源的基础上，增加更多的合作机制。在信息共享方面的国际合作可以为其他网络攻击规则制定提供补充。通过会员国之间就网络信息的共享促进会员国之间的交流合作。这些信息将无法提供给非会员国或不遵守该条约核心义务的国家，向会员国提供获得信息的特权，将促使各国积极参与和遵守网络攻击条约。

4.提高网络空间自身发展实力

网络安全事关重大，许多国家都从国家战略层面对网络空间中的各种行为加以规范，促成各自网络安全体系的创设，以维护本国利益。学习借鉴典型国家网络空间战略，可以看到重视人才培育、深化网络空间理论研究、提升关键基础设施保护是保障一国网络空间安全的重要前提，它们发挥着不可替代的作用。

（1）重视网络空间人才培养。

我国在网络空间起步较晚，在网络空间方面的研究人才及理论成果数量与西方国家相比，仍有不小的差距。因此，为了更好地顺应现代社会发展变化，适应复杂多端的网络环境，在此过程中，需要特别重视人才的重要地位，做到爱人好士，深化网络空间理论研究。从法律层面对相关人才进行支持与保障，使得人才优势能够更好地体现出来。国家应有针对性地造就、提拔有关网络空间治理的高精尖重点人才，对网络空间国际规则如何有效制定、技术难题如何合理解决等复杂性、专业性问题进行深刻探索，强化对网络空间细分领域下存在矛盾与争议的事项的学习与钻研，如计算机网络攻击行为程度的界定问题等。

在此过程中，不但要研究我国的相关政策，推动实务部门与学术界二者之间进行密切交往，而且还理当重点关注他国尤其是一些西方国家展现出的政策倾向，为我国日后顺利进行网络外交活动打下牢固可靠的理论根基。在日后不断发展变化的国际实践中充分、积极发挥这些专家、人才的智谋，将学术研究成果进行整理归纳，并利用外交和学术交流等方式将其推广和宣传到外界，使国家利益体现到最终形成的国际规范中去，力求使中国网络空间国家利益得到更进一步的达成，影响力持续提升，最终获得国际上的承认。人才的培养也为营建和谐稳定的网络安全环境提供一臂之力，维护好本国的网络环境才能更好地抵御外部网络环境带来的威胁，才更有可能为国际社会网络秩序的构建建言献策。

（2）加强网络基础设施保护。

网络基础设施对于国家来说，战略地位属于重中之重。许多国家都出台文件明确表示对基础设施加以有效保护。如果一国的关键基础设施很容易被入侵，那么给国家酿成的损失将是难以想象的，必然影响着国家的安全稳定。而我国的网络基础设施却较为落后，导致在网络空间较为被动，岌岌可危。

因此，对我国网络关键基础设施加以保护的举措开展事不宜迟。我国《网络安全法》提供了"关键信息基础设施"专门一节对其加以规范，有助于加快我国在网络空间的良性发展，对于从真正意义上保护我国网络安全有着深刻的指导价值。应该对于我国现有网络基础设施继续加以有针对性地巩固和加强，着眼于网络空间外部环境和自身成长，从国家层面、法律层面、实践层面鼓励网络核心技术的自主研发与创新，提升网络技术水平，强化控制权，增加主动权，进而从源头上减少计算机网络攻击带来的风险。驾驭网络核心技术，就意味着把握了网络空间的"开门砖"，有助于促成我国从网络大国角色向网络强国角色转变的深刻变革，强化我国的网络防御水平，保障广大网民的利益，更好地维护我国网络环境。

5.发展网络技术，增强网络实力

网络实力是网络空间国际竞争的基础，融合了技术、人才、经济、军事和文化等要素。爱德华·斯诺登（Edward Snowden）的启示让全世界都看到了美国网络实力的领先优势。西方媒体广泛报道的爱沙尼亚，格鲁吉亚和乌克兰的网络攻击事件可能是俄罗斯网络实力的反映。

目前，阿里巴巴，腾讯，百度，京东等十大互联网公司中，有四家来自中国，这可能会突出中国互联网经济的力量。然而，网络实力，就像国家权力一样，也在不断变化。近年来，为了参与激烈的网络竞赛，许多国家都加大了投资力度，即使是在网络实力方面有着非凡优势的美国也不例外。

网络防御能力作为网络实力的组成部分也尤为重要。在防御方面，中国应当注重发展信息安全防御技术，为政府、企业和个人打造强有力的保护伞，保障信息安全。针对网络攻击的隐蔽性和难溯源性的特点，我国还应加强对网络攻击的探测能力，从而确认网络攻击的源头和发动网络攻击者的身份，通过归因规则确定国家责任进而行使自卫权。此外，我国还应提升网络攻击的应用技术，增强打击能力。在提升侦测网络攻击能力的同时还应提高迅速响应的能力，对严重的网络攻击加以打击。虽然我们不提倡将网络攻击作为战争武器，但是可以将其发展为维护网络安全的防护工具。

二、我国信息安全保障策略

（一）完善国内网络安全立法

近年来，西方发达国家在网络建设的投资方面备受关注，各发展中国家也纷纷制定战略规划，提升国内网络安全。在这方面，中国也不例外。中国不仅提出了打造网络强国的战略目标，而且还成立了专门机构中国网络空间管理局，协调网络安全工作，还出台了《网络安全法》《国家网络安全战略》《国际网络空间合作战略》，"国家信息化"十三五"规划"等部门设计，法律法规等一系列政策性文件，法律和战略规划。只有增强自身的网络实力，推动技术创新才能维护我国网络安全应对网络攻击适应国际社会发展的要求。

网络攻击中国家自卫权的行使属于国际性的问题，适合通过国际立法的方式加以明确。但是，国际社会中针对网络攻击中国家自卫权的行使仍然充满着争议，尤其是各国依据各自利益各自为政在很多层面上无法达成共识。如何应对网络攻击维护国家安全是目前国际社会的一项重要议题，中国在规制网络攻击的国内立法上应当发挥表率作用，通过国内法规制网络攻击造成的问题以形成国际示范。有关网络攻击的立法应当侧重于以下几个方面。

1. 强化网络主权理念

基于国际社会存在的有关"网络主权"的不同观点，中国应当在应对网络攻击的安全立法中明确界定"网络主权"的概念，通过立法文件定义网络主权，同时还应明确网络管辖权以及管辖权的对象等问题。

2. 界定网络攻击的性质

我国现有的网络安全立法文件中并没有关于网络攻击性质的相关表述，通过对网络攻击性质的界定可以避免对事件性质的混淆，可以进一步明晰适用的法律规范。界定网络攻击的性质，可以将网络攻击行为与网络战和网络犯罪等概念区分开来。同时，可以通过判定网络攻击造成影响的规模和后果为其是否构成"使用武力"甚至是"武装攻击"确定更准确的标准，从而为国家自卫权的行使奠定国内的立法基础。

3. 明确关键基础信息设施的范围

近年来，频繁的网络攻击事件都是以一国的关键基础设施为目标的，并且对关键基础设施的攻击容易给一国居民的人身和财产造成巨大损害，明确关键基础设施的范围更有利于加强国家层面的保护。《网络安全法》和《国家网络空间安全战略》仅在范围上表述了关键的基础信息设施，在网络攻击的立法中应当对关键信息基础设施进行量化，并且进行分级分类的管理，从而有效保证相关立法的可操作性。

4. 明确国家自卫权行使的限制

尽管自卫权是一国的一项基本权利，但是国家在网络空间行使自卫权也应受到相称性和必要性原则的限制，网络安全的相关立法在规定国家享有自卫权的同时应还应当通过相称性原则和必要性原则对其进行限制，以免造成权力的滥用。

有关网络空间中应对网络攻击和行使自卫权的国际立法文件虽然短时间内不能达成，但是通过我国的网络安全立法希望可以引起国际社会的广泛关注，从而进一步推动国际合作与交流共同维护国际社会的和平与稳定。

5. 美、欧对网络攻击的法律规制

（1）美国网络攻击法律规制。

美国于 2015 年出台的《网络安全法》由四部分构成，分别为《国家网络安全保护促进法》《网络安全信息共享法》《联邦网络安全强化法》及《其他网络事项》。该法案的规定较为全面，是美国在网络安全防护与网络信息资源整合上的重要进展。该法案以信息共享政策为基础，并进一步讨论了联邦实体与非联邦实体、私实体在网络安全中的具体角色。

具体而言，法案第一编《网络安全信息共享法》第 5 条规定，国家有权对可能存在的网络威胁进行识别、判断，州政府、联邦政府的独立机构等部门有权对网络信息进行监控并采取防御措施，加入了信息共享并经授权的私营企业等其他组织，有权对信息进行监控、采取必要的措施并进行上报。同时，法案授权网络提供方在经过授权的情况下，可以代表授权方实施网络监控并采取防御行动。另一方面，法案在第四编《其他网络事项》这一部分的第 3 条中规定，对于参与网络犯罪的人员，以自行逮捕为主、国家磋商为辅，明确了其强硬态度。在第四编第 2 条（b）款中，将审核中俄等网络空间的主要参与者提出的网络空间国际规范的不同概念列为单独一项，显示出了其谨慎、防范的态度。值得注意的是，虽然该法案中使用的是"网络安全威胁"这一词汇，但其具体含义的解释与"网络攻击"相近，如利用安全漏洞进行的异常活动等情况。

可见，该法案赋予美国政府及经其授权的其他部门、机构以极大的网络监管权，这实际上是国家权力在网络空间的进一步扩张。虽然法案中并未对应对网络攻击时所采取的具体手段等内容进行规定，但是文中对于"防御措施"这一名词的解释实际上扩大了其对于网络攻击应对时的自由裁量权。美国政府于2018年出台的《网络安全和基础设施安全局法案》中，再次强调了政府应就关键资源和关键基础设施等内容同各州、地方、私营部门等展开合作，在适当情况下，政府应同上述部门共同对针对美国的网络恐怖袭击进行威慑、预防或应对。

同时，其设立网络安全与基础设施安全局，负责领导、制定网络安全与基础设施安全相关方案、行动及政策，专门应对日益增长的网络威胁。美国政府于2019年12月颁布的《2020财政年度国防授权法案》第1746条中规定，应当建立或指定一个跨政府部门工作组，专门协调与应对网络攻击问题。该法案第6501条规定，联邦政府、各州及地方政府应当对选举基础设施所遭受的网络攻击定期进行报告。同时，该法案更加关注中俄等国对美国网络安全的影响，要求对来自中、俄等国的网络攻击进行严格的监控并上报。

可见，美国政府较为重视同私营企业间的合作，认为私营企业是其应对网络攻击时的重要力量，因此授予私营企业较大的网络监控、网络攻击处置权限。同时，美国政府在近些年关于网络安全的立法中，一直保持着主动、强硬的态度，这样的态度与其网络技术发展水平较强、在网络空间的话语权较高密不可分。

（2）欧盟网络攻击法律规制。

近年来，欧盟已经出台数个有关网络安全的法律文件，从这些文件中，可以得知欧盟对网络攻击问题的态度。欧洲议会于2017年出台的《关于打击网络犯罪的决议》第36条规定，为抵御网络攻击，各会员国应当加强对关键基础设施以及相关数据保护的投资以确保其更加安全。该决议第68条规定，应提升欧盟各机构的信息技术能力与关键基础设施的防御能力及复原能力，以减少来源于大型犯罪组织、国家资助或恐怖组织的网络攻击。欧洲议会与欧盟理事会于2019年颁布的《网络安全法案》中，以欧盟网络和信息安全署（ENISA）的职权扩充为核心，着重建立一个欧盟层面的、统一的网络安全认证框架，以提升欧盟整体对网络攻击的防御能力。

其中，欧盟网络安全认证分为三个级别对通信技术产品及服务进行认证，分别为基本、实质以及高级认证，该法案第90条规定，高级认证需要对产品及服务的安全能力进行评估，以明确其对网络攻击的抵抗能力。欧盟理事会于2019年制定的《关于打击威胁欧盟或其成员国的网络攻击的限制性措施的决定》第4条中规定，会员国应采取必要措施防止网络攻击的负责人或以其他方式参与网络攻击的自然人入境。该决定第5条中规定，对网络攻击或以其他方式参与网络攻击的自然人、法人、组织或团体的所有资金及经济资源，应当予以冻结。

可见，欧盟是通过自身建立严密的安全体系，以内部建设为主，国际合作为辅的方式来抵御网络攻击所带来的问题。欧盟以安全认证的方式增强其应对网络攻击的防御能力，并在其立法中更加重视对关键信息基础设施的保护。相比于美国较为激进的国家政策，欧盟则偏向保守，更重视其内部对网络攻击的防范能力。

（二）强化网络信息运行系统防攻击性能

针对黑客攻击行为，要想提高网络信息安全性，就应当强化网络系统防攻击性能。首先，相关企业需对黑客常用技术进行全面了解，以此帮助企业减少系统漏洞的出现率，具体可根据企业计算机系统实际运行状态选择合适的杀毒软件如 360 安全卫士等，或者建立大数据安全信息管理平台对数据信息进行标准化操作，并将数据保存在中央处理系统中，这种集中式管理可降低黑客攻击的成功率，从而保障网络信息的安全；其次，企业在运用计算机系统时需要加强数据认证可行性，并对外界数据访问流程实施监管，以免黑客从中盗取重要信息；最后，增强企业网络系统管理人员的防攻击意识，正确指导工作人员按照相关规范操作计算机系统，并科学应用防攻击软件，确保管理人员能够提前做好网络信息安全保障工作。

（三）建立完善的网络信息安全管理体系

①限制访问网络信息的用户数量，并且当相关人员进入平台查找信息时应采用身份验证法保护信息安全，比如指纹识别、密码验证等，当未得到授权的用户强行登录系统获取信息时，网络系统应当立即执行封闭管理指令，这样才能确保网络信息不会出现被他人窃取的风险[20]。

②网络信息安全管理体系需要得到坚实的法律支持，通过严明的法律督促大众严格按照用网规范使用数据信息，并对不法分子实施法律制裁，确保为其他存在侥幸心理的人员起到制约作用，就目前形势来看，我国在保障网络信息安全方面所制定的法律尚不全面，所以相关政府应当加强有损网络信息安全行为的执法力度，从而为我国提供一个优质的网络运行环境[21]。

---

[20]　裴斐. 试析计算机网络安全技术与防范措施 [J]. 电脑编程技巧与维护，2016（17）：89-90.

[21]　李鹏. 大数据背景下网络信息安全保障策略 [J]. 电子世界，2019（21）：84-85.

第五章 网络信息安全的基本技术

现代化网络信息技术的不断发展，给人们生活、生产等各个方面带来了非常大的改变，虽然促进了社会的发展与进步，但是也面临着一些问题。面对网络信息安全方面存在的各种问题，需要利用网络信息安全技术构建相应的技术体系，才能够保障网络信息的安全。本章分为防火墙技术、入侵检测技术、计算机病毒防范技术、数据库与数据安全技术四部分。主要内容包括：防火墙概述、防火墙策略、入侵检测的必要性、入侵检测的分类、入侵检测的技术等方面。

第一节 防火墙技术

一、防火墙概述

防火墙原是指建筑物大厦里用来防止火势蔓延的隔断墙。从理论上讲，互联网防火墙服务的原理与其类似，它用来防止来自外部网络的各类危险传播到你的专有网内。实际上，防火墙的目的有以下几种。

①限制访问从一个特别的节点进入。

②防止攻击者接近防御措施。

③限定访问从一个特别的节点离开。

④有效地阻止入侵者对内部网络中的计算机系统进行破坏。

因特网防火墙通常置于内部网络和因特网的连接节点上。所有来自因特网的信息或从内部网络发出的信息都必须穿过防火墙。所以，防火墙才能确保诸如电子邮件、远程登录、文件传输或在特定系统间的信息交换的安全。

安装防火墙几乎总是为了保护专用网络防止使入。大多数情况下，防火端的目标是阻止非法用户获取专用网络资源和阻止私有信息被不注意地和非法地输出。在一些情况下，信息输出被认为是不重要的，但对于许多正在连接的公司来说非法输出是关注的主要问题。同时，网络上存在着来自黑客和其他破坏者切实的威胁。

（一）防火墙实现方法

不被明确地许可的将被禁止，即默认禁止。

不被明确禁止的将被许可，即默认许可。

第一种情况下，防火墙必须设计去阻止所有通过的包，认真权衡需求和风险之后激活所需服务。这往往直接影响用户，他们很可能把防火墙看作一种障碍。从安全的角度讲，这种情况是有意义的，它认为你不了解的事情可能会伤害你，你被默认禁止做任何事。如果想允许什么服务，必须做到以下几点。

第一步：检查用户所需要的服务。

第二步：考虑与这些服务有关的安全保护措施核安全的提供方式。

第三步：允许这些服务。

这个步骤可以一项一项地进行。从分析一项服务的安全保护做起，解决安全保护与用户需求之间的矛盾，然后根据用户的需求分析和改进服务的安全保护措施，最终提供一个相对合理的折中方案。

对于某一项服务，可能认为应该为所有用户提供这项服务，并且只使用已有的数据包过滤器或代理程序就可以完成；而对于另一项服务，可能会发现这种服务不能用现行的任何方式安全地提供，但只有一小部分用户会要求这种服务。问题的关键是找出一个适合自己的网络折中方法。

大多数用户和管理者更喜欢第二种情况，他们倾向于假设所有的服务应被默认许可，而那些确定的、易出故障的操作自然有必要禁止。例如，禁止 NFS（网络文件系统）穿过防火墙，禁止不接受安全保护意识培训的用户进行 WWW 访问，或禁止用户安装非授权服务器等。这种默认许可要求告诉它什么是危险的，列举不能做的事情，并允许做其他的任何事，显然这不是安全保护状态。它要求事先精确地知道有哪些特定的危险，并向用户解决这些危险，并了解怎样预防这些危险。

现在假定有一个文件共享的问题，用户的第一个反应可能是使用 NFS，问题在于 NFS 是不安全的。假定是默认许可的，并且没有告诉用户运行 NFS 穿过防火墙是危险的，那么那些不明系统安全的用户就会认为 NFS 是一个好的方法。另一方面，如果采用默认拒绝，那么用户建立 NFS 的企图将不会成功。需要向他们解释原因，并建议使用更安全的通信方式如FTP[22]。

系统管理者处于一种积极的模式，他们不得不预测用户群可能采取的将削弱防火墙安全性的各种活动，并做出相应的防范措施。这本质上把防火墙管理者陷入了一种反对用户的没完没了的竞赛中，管理者准备防范用户的一举一动，用户却提出新的、有吸引力的，但确实危险的行为方式，这个过程周而复始，这种情况能变得十分严重。

用户通常妥协他们的注册安全性，如果他们没有意识到合理的安全防范，如果用户对防火墙本身有开放访问注册，将导致严重的安全缺口。

（二）防火墙威胁级别

有几种使防火墙失败或危及防火墙安全的方法。因为许多防火墙的目的是阻止获取，如果有人找到一个穿越防火墙允许他们探测专用网络中系统的漏洞，很显然防火墙将失去功能。如果有人设法攻破防火墙，并重新配置它以便整个网络对所有人都是可达的，这将导致更为严重的状况。用术语来讲，和仅仅"侵入"相比，这种类型的攻击被认为是"毁坏"防火墙。去量化由防火墙的破坏产生的损害是极其困难的。另一个问题是统计收集到的防火墙抵制何种威胁的信息的数量将帮助防火墙管理者断定攻击过程。对于一个被彻底危及安全的防火墙，能发生的最糟糕的事情是没有任何攻击是怎样发生的踪迹。最好的情况是防火墙探测到攻击，并通知管理者正在遭受攻击或攻击失败。观察被危及安全的防火墙的方法之一是察看危险区域（zoneofrisk）。

在网络没有任何防火墙被直接连接到因特网的情况下，整个网络将遭受攻击。这并不意味着网络是易受攻击的，但是在整个网络处于一个不可信赖网络区域内的情况下，确保网络中每一个主机的安全性是必要的。实践经验表明这是很困难的，因为像rlogin那样允许用户可定制接入控制的工具，经常被破坏者以"islandhopping"的攻击形式用于获得对若干主机的使用权。

对于典型的防火墙，危险区域经常被减少为防火墙本身或网络中被选出的主机子网，以减少网络管理者对直接攻击的关注。如果防火墙被侵入，危险区域经常被扩张为整个被保护的网络；获得防火墙注册权的故意破坏者经常以它为基础对专用网络进行"island hopping"攻击。这种情况仍有希望，因为破坏者或许在防火墙上留下一些踪迹，从而被发现。然而，若防火墙被完全毁坏，整个专用网处于危险区域中并能遭受来自任何外部系统的攻击，此时获得有用

---

[22] 叶丹 . 网络安全实用技术 [M]. 北京：清华大学出版社，2002.

的注册信息以分析攻击的机会是非常小的。

通常，从减少危险区域而言，防火墙能被看作一个单一失败点。就理论方面来讲，这似乎是一个坏主意，因为这等于将所有的鸡蛋放在一个篮子里，但实践经验说明，在任何特定时间，对于一个不太小的网络，至少有几台主机容易被不熟练的攻击者侵入。许多公司有正式的主机安全策略被设计用于这些弱点。防火墙并不能替代主机安全。它能采用限制攻击者通过一个狭窄缺口的方法来增强主机安全，在那儿至少有机会先捕获他们或发现他们。

（三）防火墙组成

1. 堡垒主机

堡垒是中世纪城堡高度加强的部分和眺望防御临界区的地点，通常有更坚固的围墙，容纳额外军队的空间。堡垒主机是一个被网络管理者看作网络安全中的临界加强点的系统。通常堡垒主机的安全性被付以某种程度的额外关注，堡垒主机或许经历定期的检查，并使用改进的软件。

2. 双宿主网关

一些防火墙的实现不使用筛选路由，而是在专用网和因特网之间设置一个没有 TCP/IP 转发能力的系统网关。双宿主网关是一个经常用到并易于实现的防火墙。由于它并不转发 TCP/IP 包，所以它是专用网和因特网之间的阻塞。使用的方便由系统管理者怎样选择建立访问决定；要么通过提供诸如 TELNET 转发器的应用网关，要么允许用户注册在网关主机上。如果采用前一种方法，防火墙显然属于"不明确允许的被禁止"的情况，用户只能通过一个应用网关访问因特网服务。如果允许用户注册，那么，防火墙的安全性被严重削弱。常规操作期间，唯一的危险区域是网关主机本身，因为它是从因特网可达的唯一主机。如果用户注册在网关主机，其中的用户可能选择一个不牢固的口令或以其他方式危及用户的账户，此时危险区域的扩张包括整个专用网。从破坏控制的方面考虑，管理者很可能基于被危及的注册的访问方式追踪入侵过程，但一个老练的破坏者能使这变得相当困难。如果一个双宿主网关被配置不允许直接用户访问，损坏控制可能更容易一些，因为有人登录到网关主机，这一事实恰恰变成了一件值得注意的安全事件。双宿主网关的系统软件经常更易于维持系统日志，硬拷贝日志或远程登录日志。这可能帮助网络管理者识别为什么专用网上其他主机被"island-hopping"攻击危及安全。

双宿主网关最不牢固的方面是：如果防火墙被摧毁，因为主机本质上是一个丧失路由功能的路由器，一个老练的攻击者很可能使它恢复路由功能，并使整个专用网对攻击者开放。在通常以 UNIX 为基础的双宿主网关中，TCP/IP 路由通常丧失修改内核变量 ipforwarding 的能力；如果系统优先权在网关被获得或丢失，这个变量能被改变。这或许看起来是牵强的，但除非特别关注监控软件的修订水平和对主机网关的配置，拥有发布拷贝的破坏者很可能记录下操作系统版本，并注册危及系统安全。

3. 屏敝主机网关

最普通的防火墙配置很可能是一个屏敝主机网关。这可以用一个筛选路由和一个堡垒主机来实现。通常堡垒主机在专用网上，筛选路由被配置为使得堡垒主机是从因特网可达到专用网中的唯一的系统。

4. 屏敝子网

在一些防火墙配置中，在因特网和专用网之间创建了一个单独的子网。可以实现各种级别过滤的筛选路有隔离子网。通常配置屏敝子网使因特网和专用网都有权使用屏敝子网上的主机，但通过屏敝子网的通信会被阻塞。

5. 应用网关

因特网上许多软件以存储 - 转发的模式工作；mailer 和 USENET 新闻收集输入，检查输入并转发输入。当运行在防火墙上，这些转发服务对整个安全性通常是重要的。被莫里斯因特网蠕虫开发的著名的发送邮件突破口就是应用网关出现的这种安全问题的一个例子。其他的应用网关是交互式的，如运行在数字防火墙上的 FTP 和 TELNET 网关。

一般而言，术语"应用网关"习惯于用来描述穿过防火墙的转发服务，是一个潜在的安全问题。通常，会在某种堡垒主机上运行至关重要的应用网关。

6. 混合网关

这种系统可能是主机连接到因特网，但仅有权通过串行线连接到专用网上的以太网终端服务器上。一些网关或许利用多协议，或用一种协议隧道封装另一协议，或维持和监控所有 TCP/IP 连接的完成状态，或检查通信以探测和阻止攻击。

晦涩的安全性对内部和混合网关本身都是不够的，但无疑是一个不寻常的或难以理解的配置很可能使攻击者困惑，或是他们更可能在设法弄清楚他们正面临什么问题的过程中暴露自己。另一方面，对于易于理解的安全配置，相应地也更容易评估和维持。一些假定的混合或许用于说明混合网关可能怎样不同于或相似于其他类型。让我们假定一个混合网关由因特网上一套主机组成，能够路由传输，主张完全了解每一个 TCP 连接状态，有多少数据穿过它，它们来自哪儿，到什么地方去。假定连接被基于任意的、正确的规则过滤，例如："允许专用网上主机 a 和因特网上网络 b 上所有主机经由 TELNET 服务通信当且仅当连接由主机 a 在上午 9：00 到下午 5：00 之间发起并把通信记入日志。"这听起来十分可怕，倘若任意控制使用的容易程度，但一些问题却仍然存在。考虑到有人希望智取防火墙，他经由一个不设防的调制解调器侵入专用网，或许很容易建立一个机载在 TELNET 端口的任意的服务引擎。这种防火端实际上很容易被毁坏。

另一种混合网关或许利用各种形式的隧道协议。假设要求以十分严格的限制条件连接到因特网，除非在专用网和有点儿信赖的外部网之间要求高度的连通性。在这儿讨论的通常的原型网关能提供一般目的的 e-mail 连接，要不是安全的点到点通信，在用户已经用一个密文的智能卡鉴别他自己的身份之后，或许由远端系统建立一个加密的点到点虚拟 TCP/IP 连接。这将是极安全的，也可被做得易于使用，但存在一个缺点，那就是协议驱动器将被加到每一个想共享通信的系统中。实现起来是非常复杂的，如果应用是基于 Xwindows。很难去对这样一个系统的失败模式做任何猜测，但危险区域很明显也很巧妙地被描绘为包括运行隧道协议驱动器和单个用户拥有智能卡访问的所有主机。其中的一些或许被硬件实现或由路由其本身实现。

（四）其他和防火墙相关的工具

对那些被设计去找出并鉴别整个网络弱点，或当进行一次攻击时探测它可能显示的模式的工具，正在被积极的研究与发展。这些工具从简单的检查表到复杂的带有推论引擎和详尽描述的规则库的专家系统。现今，许多防火墙使用一些软件，这些软件被设计去发布和收集可能的攻击及它们的来源有关的信息，经常使用的工具有 finger 和 SNMP（简单网络管理协议）。除非开发真正的人工智能，否则这些工具不能预防未知形式的攻击，因为它们不可能和网络破坏者的创造性相比。经常被宣传为主动的，而实际上它们只是被动做出反应，通常只被用于捕获装备有以往的方法和技巧的系统攻击者。

二、防火墙的功能

通常来讲，防火墙是位于内部网络和外部网络之间进行访问控制的设备，防止未授权用户访问内部网络，并保证内部网络安全运行。可以说，在进入防火墙后，内部网络和外部网络的划分边界是由防火墙决定的，应该确保内部网络与外部网络之间的通信要经过防火墙，同时还要确保防火墙自身的安全。具体而言，网络防火墙应该具有以下功能。

（一）网络安全的屏障

防火墙为内部网络建立了一个安全屏障，它通过安全审查，筛选出可疑数据来降低风险，提高内部网络的安全性。只有通过安全审查的数据才能经过防火墙，禁止不安全的协议进入内部网络。

可以设定以防火墙为中心的安全方案，将所有的安全功能配置到防火墙上，如身份认证、口令、加密、审计等。同分散式安全管理相比，防火墙的安全管理更为集中、经济。例如，在网络访问时，身份认证系统和密钥密码系统只需要集中在防火墙上，而不必分散在各个主机上。

（二）监控网络访问和存取

任何通过内部网络的访问都必须经过防火墙，防火墙通过日志记录这些访问。一旦发生可疑情况，防火墙应该立即告警，并提供探测和攻击信息。另外，防火墙还需要收集网络的使用情况和误用情况，并提供网络使用情况的统计数据。统计数据的目的是了解防火墙能否抵御入侵者的探测和攻击，了解防火墙对网络访问的控制是否全面，分析网络需求和网络威胁。

（三）防止内部信息外泄

根据防火墙对内部网络的划分，隔离内部网络中的重点网段，以免出现敏感或局部重点网络安全问题，进而影响全局网络。内部网络非常关注隐私问题，要避免内部信息外泄。内部网络中一个不引人注意的细节也可能包含有关安全的信息，暴露内部网络中的安全漏洞，进而引起入侵者的注意。通过防火墙可以隐蔽那些内部网络细节的服务。

三、防火墙的技术

（一）包过滤防火墙技术

这里把包过滤看作一种实现网络安全策略的机制。需要考虑的事项是来自站点或网络管理者的观点（他们是那些在维持他们的站点或网络足够安全时，对提供好的可能的服务给他们的用户），站点或网络管理者的观点必定和服务提供者或路由器供应商所有的观点不一样（他们感兴趣的是提供网络服务或产品给用户）。始终假定站点管理者通常对于阻止外面的人进入更感兴趣，而不是设法管辖内部的人，并假定目的是阻止外面的人侵入和内部的人偶尔接触到有价值的数据或服务，而不是防止内部的人有意地或恶意地暗中破坏安全措施。防火墙是存在于不同网络之间的驿站，是所有信息数据出入网络端口的唯一的大门，通过改变对防火墙的数据流进行限制，可以关闭或打开不同的网络，控制其内部系统运行。有选择地选取想要获取的信息，成为一道保护网络系统安全的屏障。

包过滤防火墙是存在于 Linux 内核路由之上的一种防干扰的防火墙，它内设过滤条件，流经它的数据包只有满足所设定的过滤条件才允许通过被使用，否则会被摈弃，不允许通过。

包过滤属于最简单但也最直接的一种防护方式，它并不是针对某一些网络站点进行工作的，而是面向所有网络系统进行安全维护。此类防火墙存在于大部分的路由器中，因而价钱会比较低廉。此类路由器被称为过滤路由器。属于日常经常会被使用上的一种防火墙，虽然简单，但是可以确保大多数企业、家庭系统信息网络的安全性。

（二）复合型防火墙技术

这种技术进一步扩展了防火墙的整体功能，它采用了先进的零拷贝流分析技术，突破了以往的技术极限，该复合型防火墙能够对应用层进行细致全面的扫描，将内置病毒、有用的无害数据等过滤开来，做到干净透彻的防火墙功能。这一技术的开发，见证了系统网络安全的又一次飞跃性进展。

（三）应用网关防火墙技术

这是一种自我有选择性地选取可以通过的服务数据或拒绝接受的一种防火墙，它作用于应用层，相当于在两种网络之间放置的一台检测装置，两侧的网络均可以发送网络信号进行联络，但必须先要通过这个中间检测装置，而不能进行直接的交流。

其大致工作原理是用户想要浏览一组程序，它首先要向该中间检测装置发送一条访问请求，检测装置便开始识别响应，依据多种网络协议进行判断是否允许通过，如若允许，它便发送一条请求信息至网络服务器，网络服务器接收请求后便视作允许接收，它再发送一条请求返还给中间检测装置，中间检查装置再将允许信息传给用户，使用户接收到所要浏览的信息内容。

（四）代理服务防火墙技术

代理服务技术基于软件，通常是安装在专用的服务器上，从而借助代理服务器来进行信息的交互。在信息数据从内网向外网发送时，其信息数据就会携带着正确 IP，非法攻击者能够分析信息数据 IP 作为追踪的对象，来让病毒进入到内网中，如果使用代理服务器，则就能够实现信息数据 IP 的虚拟化，非法攻击者在进行虚拟 IP 的跟踪中，就不能够获取真实的解析信息，从而代理服务器实现对计算机网络的安全防护。

另外，代理服务器还能够进行信息数据的中转，对计算机内网以及外网信息的交互进行控制，对计算机的网络安全起到保护。代理服务技术具有易于配置、灵活、方便与其他安全手段集成等优点，而对于网络用户来说是不透明的，安全性和代理速度都是比较低的。

四、网络安全中防火墙技术的应用

（一）在数据访问环节中的应用

在计算机网络的使用过程当中，访问是应用最频繁也是一个不可或缺的环节，在这一环节网络安全也容易发生问题。防火墙技术能够将用户访问的对象进行科学的划分，并根据不同的等级采取对应的防护措施，这样的方式既能保证网络的安全，又兼顾了网络的通信效率。

例如，在网络中的信息交互方面，防火墙技术将各类交互信息及时归档并划分，通过分析信息的用途和性质，采取针对性的保护措施。随着科学技术的发展，防火墙技术也得到了快速迭代，防火墙的功能性和工作效率也在不断提升。

（二）在网络安全配置中的应用

计算机的网络安全配置的等级对于该计算机的网络安全有着决定性作用。通过在网络安全配置中灵活运用防火墙技术，网管人员可以利用防火墙技术对庞杂的网络信息进行单元划分，对于不同的信息单元采用针对性的防护措施，以达到强化网络信息安全的目的。一般情况下，防火墙技术会默认在网络的核心区域采取强化的重点防护措施，保障计算机的网络核心区能够安全平稳运行，同时，对各种危险信息或者恶意的网络攻击进行严密防护。

（三）在网络日志监控中的应用

在终端用户使用网络的过程中，网络日志文件等会将用户的各类网络信息包括浏览记录等进行自动保存，保存后用来帮助提高用户后续的使用便利性。防火墙技术将针对此类的日志文件进行严密监控，一旦在日志文件中发现危险因素，便会立刻采取对应的措施防范网络安全问题的产生。一般情况下，触发网络日志进行自动记录的过程中会产生庞大的数据量，网络终端用户恰好可以利用这一特点，将网络防火墙中的病毒防护技术的效用最大限度地发挥，利用监控网络日志的方式，提升计算机网络的信息安全水平。

第二节 入侵检测技术

一、入侵检测的必要性

如今，各种企业、政府和个体在互联网上展开了各种各样的业务活动。网络的出现不仅方便了我们的工作和生活，而且也丰富了人们的闲暇时间，满足了人们快速度、高效率的需要。众所周知，互联网一般都有着开放性、共享性这两个特点，正是这两个特点的出现，让我们共享的资源更加丰富更加多样，在享受方便的同时，互联网的安全也面临着一系列的威胁。

现在的网络安全问题已经不仅仅是某一个国家的局部性的问题，它现在已经发展成了全球的国际性的问题。根据有关的报告，在全球范围内大约每20秒左右就可以发生一次黑客攻击的事件。不管是政府机构、跨国大企业，还是小众的个体小型普通网站，都没有躲过黑客攻击，当前的网络入侵行动已经对社会造成了严重的经济损失。而且我们国家的黑客的活动成为全世界最频繁的三个国家中的一个，仅仅次于美、韩两国。几年来，智能移动工具的出现与应用，改变了网络的攻击方，攻击的技术、方法、手段层出不穷、千变万化，而且导致攻击面向的对象越来越多，已经可以威胁通过网络发展的企业的经济利益、政治形象，在很大程度上影响了社会的稳定。

在传统的网络安全的技术上，重点采用的是静态的防御技术，它包括的主要技术有加密手段、防火墙、口令认证等技术，这种方法对用户进行的操作有部分影响，而且违反了网络的公开性、共享性的特点，因此如果使用静态防御很难平衡便捷和安全这两者之间的利与弊。

目前，入侵检测技术是新一代保障安全和动态的防护技术，跟防火墙一起结合使用。网络不但在时间，而且在空间上都得到了延伸，各种各样的网络终端的出现，网络环境的复杂度不断地提升，多样的攻击行为不断地更新出现，都导致了新的入侵检测方法的出现。此上列举的种种原因，已经让传统、单一的入侵检测技术不能应对目前的网络状况。

智能化的入侵检测系统需要有能检测各种各样的黑客攻击行为、能自动识别攻击的行为、能保障网络的正常安全运行、能实时检测网络异常行为等的能力。入侵检测针对网络安全有重大的作用和意义，因此，它在技术上应不断加以改进和创新从而提高其检测的效率和正确性。

目前，随着技术的发展，国内在网络安全方面的发展不断进步，采用新型的模糊理论、数据挖掘、人工智能、密码学、集成学习等技术，并取得了一些研究成果。通过对国内外现状的分析，结合现在网络的发展，使得入侵检测系统在我们生活中的应用越来越重要，可以保证网络的安全运行，入侵检测方案的设计同时也给用户提供了方便，总而言之，入侵检测是非常必要的。

二、入侵检测的分类

（一）按照检测方式分类

这种方法包括基于误用和基于异常的入侵检测。前者是通过预先精确定义的入侵签名对观察到的用户和资源使用情况进行检测；后者是从审计记录中抽取一些相关量进行统计，为每个用户建立一个用户扼要描述文件，当用户行为与以前的差异超过设定的值时，就认为有可能有入侵行为发生。

（二）按照数据源分类

1.基于主机

基于主机的入侵检测出现在 20 世纪 80 年代初期，因为用户对计算机的访问记录会保留在日志文件中，所以这种方式检测的是主机的日志文件。检测系统会时刻监测计算机主机端口和日志文件，一旦发现访问记录，就会做出相应的警报处理。可以监视用户和访问文件的活动，包括文件访问、改变文件权限、试图建立新的可执行文件或者试图访问特殊的设备。这种检测方式准确度比较高，速度快，并且不需要额外添加硬件设备。

但是，对于日志文件中不存在的或是被删除的访问记录，则无法做出响应的处理，另外在大规模的用户并行访问时会增加检测系统的负担。

2. 基于网络

基于网络的入侵检测方式能够截获网络传输过程中的数据，对截获的数据包进行分析，这样就避免了访问记录进入主机之后被认为删除的现象，能够更好地保护网络的安全。在发生用户访问行为时，这种入侵行为以数据包的形式在网络通道中传送，这种方式能够在入侵行为进入主机之前及时的发现，因此实时性比较好，而且这种检测系统能够同时检测同一网络下多个计算机用户，所以也具有很好的商业前景，被广泛应用到当今网络安全保护之中，由于这种方式只能监测直连网络中的数据包，所以不能进行跨网段监测，例如路由器和以太网交换机。

3. 基于分布式

这种检测是策略定义与管理由控制台统一完成，通过控制台实现客户端对策略的接收，由客户端展开实施操作。

系统由主机检测器、局域网检测器和中心控制器组成，主机检测器安装在计算机主机之上，这一点和基于网络系统相似，主要是收集来自主机的系统日志、审计文件并传给中心控制器。局域网检测器用于接收来自网络流量数据，通过流量传输设备传给中心控制器，路由器设备用来转发来自外部的数据，然后再传输给中心控制器。由此可知这种系统不同于前两种系统，基于分布式系统有效地避免了单一主机处理数据，这样就避免了大数据来临时主机卡死的情况，利于设备的维护和保养。

三、入侵检测技术方法

（一）误用检测技术

这是一种最原始的检测方法，其工作机制是利用已经建立的特征数据库来对新的攻击数据进行匹配，首先是收集整合大量的已知的入侵行为，按照专家经验对收集来的数据集合进行有效的特征提取，降低集合的维度，去除冗余的数据，建立专家系统，便于使用。检测数据集合的公信度和质量的高低完全取决于专家经验对入侵集合特征提取的方式。其次，当有网络数据传输进来时，专家系统会对新进的数据进行全方位的特征提取，将提取出来的特征和专家系统进行特征匹配，如果一致则说明是入侵行为，否则就是正常行为，这种方式的优点是对于专家系统中已经存在的入侵行为进行快速有效的匹配，不足之处是对于新出现的入侵数据就会出现错误分类。

（二）异常检测技术

这是目前入侵检测技术的主要研究方向，其特点是通过检测系统异常行为，发现未知的入侵行为模式。异常检测提取的是系统和网络数据的正常行为特征，从多方面设置衡量标准，每个标准对应一个阈值或范围。

正如自然界可以按照动物有规律的行为来对其所属的科进行判断一样，假设正常的网络数据也是有规律可循的。首先，按照已有的大量正常数据从不同的方向抽取其行为特征，发现其行为规律，按照已有的技术建立系统的先验知识，从而设定一个衡量的标准；其次，处理由信息获取系统获得的用户行为，并将其与检测系统的标准相匹配，以确定与正常行为的偏离程度。

这种方式与误用检测方式相比，可以最大限度地检测新出现的攻击行为，准确率相比于误用检测方式更高，但是也存在着很多的不确定性：第一是正常行为的特征提取是否全面，直接关系到所设定的衡量标准是否具有检验所有异常行为的能力；第二是检测系统需要不断地更新，因为伴随云计算和云存储成熟，新的数据种类不断增加，先验知识库的全面性需要不断改进，这就需要人为地去维护更新。

四、入侵检测技术的发展

大数据时代，入侵检测技术正在与集成学习、分布式处理等热点技术紧密结合起来，将在以下几个方向上发展。

（一）分布式入侵检测

传统的入侵检测系统一般是以单一主机或网络设备为数据处理中心，将采集的数据集中到数据处理中心进行分析和处理，处理能力和计算效率较低。传统的入侵检测系统难以适应大规模网络的检测需求，而分布式集群在数据的整个处理流程有着明显的优势，不仅可以实现对数据的分布式采集、存储和分析处理，大幅提升系统的吞吐能力和处理能力，而且可以提高检测系统的容错性。

（二）智能化入侵检测

随着互联网技术的发展，网络中的数据格式越来越多，数据结构也越来越复杂，网络攻击方式也在不断更新，所以，为了适应这些变化，一些智能学习的方法也开始应用到入侵检测中来，并且表现出较好的检测效率。当前，许多的研究人员开始将遗传算法、机器学习、集成学习、模糊技术、人工免疫等技术应用到入侵检测中来，提出了各种智能的入侵检测算法。

（三）高效化入侵检测

如今，网络中的数据量剧增，数据传输速度也越来越高，已经超出了单一主机和网络设备的处理能力，传统的入侵检测系统在大规模的网络环境下，其处理能力和计算能力已经难以适应高速网络的需求，因此，许多学者开始研究高速网络下数据流的处理方法，并提出一系列高效的数据流处理算法，以提升入侵检测的高效性。

第三节　计算机病毒防范技术

一、计算机病毒概述

（一）计算机病毒的特征

1. 隐蔽性

计算机病毒为了实施破坏行为，在爆发之前，就要想方设法不被发现。病毒成功感染宿主程序后，表现得和普通程序并无差别，因此，能够在用户没有授权或毫无察觉的情况下进行传染。

（1）形式隐蔽。

病毒寄生的宿主程序，其形式和结构与正常的普通程序并无明显差别，用户很难发现自己运行的程序是否已经被感染。

（2）传播行为隐蔽。

病毒在爆发之前，会尽最大可能感染更多的文件，以造成更大的破坏，而用户同样很难发现自己有多少文件已经被感染。有些病毒拥有很强的隐蔽性，甚至变化无常，导致杀毒软件都检查不出来，对其无能为力。隐蔽性是能够长期潜伏不被发现的前提条件。

2. 潜伏性

为了造成更大的破坏，有的病毒在感染了某个宿主机后，不会马上发作，而是长期驻留在该宿主机中。潜伏性越好，病毒驻留在宿主机中的时间就越久，感染的文件就越多，爆发时造成的破坏就越大。病毒潜伏的时间不固定，有的几个小时、有的几天、有的甚至几年，直到"时机成熟"才会爆发，这个"时机"体现了病毒的爆发需要触发条件。

3. 繁殖性

计算机病毒进行繁殖时快速地进行自我复制。病毒的自我复制能力是普通程序所不具备的，繁殖性是判断一个程序是否为病毒的基本条件之一，同时也是计算机病毒具有传染性的基础。

4. 衍生性

与生物病毒类似会发生变异、变种。随着反病毒技术的不断进步，反病毒软件已经可以识别一些常见的病毒。为了躲避反病毒软件的查杀，设计者借鉴了"生物病毒通过变异来应对免疫系统产生的抗体"这一思想，在原有病毒的基础上进行修改和升级，升级后的病毒在传播的过程中还可以被其他人进行修改，经过不断地修改、升级，最终产生的新病毒，其形式和结构已经非常复杂，很难被反病毒软件检测到。因此，变种后的破坏力更大。

5. 破坏性

病毒一旦发作就会造成不同程度的破坏，包括删除文件数据、篡改正常操作、占用系统资源、造成系统崩溃、导致硬件损坏等。这些破坏行为往往以获取经济利益，甚至政治和军事利益为主要目的吧。

6. 非授权性

在正常情况下，计算机程序由用户触发运行，再由系统分配资源，执行用户的指令。用户可见程序的功能。病毒具有程序的通用特性，而且隐藏在正常的程序或系统中，当用户触发了被感染的程序后，病毒就会获得控制权，先于程序运行。对用户来说，病毒是未经用户允许的，具有非授权性。

7. 可执行性

究其本质而言是计算机程序，形式上和普通的程序没什么区别。但与普通程序相比，病毒以实施破坏行为为目的，为了实现这一目标，病毒必须是可执行的，只有在被感染的宿主机上成功运行才能进行破坏。

8. 不可预见性

计算机病毒在不断发生变异、变种，表现形式令人难以捉摸，而且数量在逐年上升。从某种意义上讲，针对新型病毒的反病毒软件的研发及发布永远滞后于该病毒的出现，要通过数学建模试图探索病毒的传播规律，为宏观策略的制定提供理论依据。

（二）计算机病毒的危害

1. 破坏数据信息

病毒传染和发作时直接破坏计算机系统的数据信息。许多病毒在发作时会通过改写文件、删除重要文件、改写文件目录区、格式化磁盘、破坏 CMOS 设置等直接破坏计算机的数据信息。

2. 占用磁盘空间

植入在磁盘上的病毒非法占用磁盘空间。引导型病毒是病毒自身占据引导扇区，将原来的引导区转移到其他扇区，被覆盖的扇区数据永久性丢失；文件型病毒利用 ODS 功能检测磁盘的未用空间，并将传染部分写入未用空间。文件型病毒会感染大量文件，加强文件长度，占用磁盘空间[23]。

3. 抢占系统资源

大多数病毒在活动状态下都是常驻内存的，这就必然会抢占一些系统资源。病毒抢占内存，可能造成一些较大的应用程序无法正常运行。另外，病毒还抢占中断，病毒会修改一些中断地址，影响系统的正常运行。网络病毒会占用大量网络资源，导致网络通信十分缓慢。

4. 衍生变种病毒

变种病毒是病毒的主要来源之一。一些计算机初学者在尚未具备独立编制软件能力的时候，但处于好奇，修改了别人的病毒，导致出现变种病毒。变种病毒中包含着许多错误，这些错误的后果是不可预见的，而且其危害可能大于病毒本身。

（三）计算机病毒检测机理

在计算机病毒与杀毒软件交替发展的这些年中，杀毒软件技术凭借着与病毒制作者斗智斗勇而形成了成熟的产业链，模块化的杀毒技术也日趋成熟目前，对于个人计算机的杀毒技术发展的最为成熟，在这方面也有许多文献研究。

1. 特征代码技术

特征代码方法是应对计算机病毒的一种传统方式，最早应用于以 CPAV 病毒为主的病毒检测工具中，它是一种最为简单的病毒检测方式。此法会在最初的扫描中，将目前所有病毒的代码进行分解分析，并且将这些代码存储于一个

---

[23]　李晓会. 网络安全与云计算 [M]. 沈阳：东北大学出版社，2017.

病毒资料库中，当有杀毒需求时，用户开启此杀毒程序，特征代码技术会将扫描到的内容与资料库中的代码进行比照，借以找寻其中相似点。如果相似程度达到一定程度，那么就可以认为，目标计算机已经感染了计算机病毒，需要进行相应处理。特征代码技术的主要流程如下。

①先建立病毒数据库，在程序设定的功能范围内，采集目标种类的病毒样本，并加以分析。

②对病毒数据库中的病毒代码进行总结分析，寻找不同病毒中的相似代码、具有攻击性、隐藏性的代码等有明显特征的代码。

③将归纳总结出的代码作为检测目标，每次检测时则将被检测文件和病毒库的特征代码进行比对。

④对检测文件进行扫描，与病毒库的代码进行对比，根据现有的代码特征，查询检测文件是否与已知病毒相似，如果相似性达到一定程度，即可判断测试文件已经感染了某种病毒。

特征代码技术是最简单、便捷的病毒检测方式，具有成功率高、解决率高的特点，但是其只能针对已知的病毒种类进行检测，由于现阶段各种新型病毒此起彼伏，需要对病毒特征代码库进行实时更新来收入从未见过的新型病毒，面对一些从来没见过的病毒，不知道其代码特征，也就检索不到病毒的内容。当下，病毒的种类日新月异，病毒数据库的内容也会不断更新，这也导致这种以穷举法为基础的检测技术效率在不断下降，使其逐渐降低便利性和检索效率。而且对弈于一些隐蔽性较强的病毒，包括对检测工具有针对性躲避的病毒（比如有些病毒能够在感染计算机后自我剔除特征代码，仅仅潜伏在内存里），即使花费再多时间进行一一对比也无济于事。

2. 文件校验技术

病毒软件一般都不会单独存在，而是寄存在某个计算机程序之中，因此如同人类感染寄生虫一样，被寄存的程序占用空间会出现莫名的增大，或是发生档案日期被修改的情况，这都是文档程序被感染的特征。

因此，防护软件会在确认安全的情况下将硬盘中的文件资料进行一次盘点，为所有正常的软件编写校验文件并保存。当该软件被激活时，防护软件会再一次验证校验文件，如果发现文件现状与之前的校验结果不同，则要考虑被病毒感染的可能。借用这种方法，不但可以发现已知病毒感染，还能发现未知病毒。具体的文件校验技术分成三种方式。

①将文件校验程序与杀毒软件进行结合，在杀毒软件进行传统维护的过程

中加入此项功能，将文件校验作为病毒防御工作之一来完成。

②将检验法以及自我查杀功能放入应用程序中，将校验状态和文件状态进行常态化对比，即在每次程序启动时，都进行这样的自我检测。也就是说当程序未启动时，将不需要对其进行反复的、多余的检测。

③在内存中，将这些检验和检测程序写入，总会在有程序被激活的时候同时开展检测程序，这种方法也能够避免重复的、多余的检测，只需要在需要的时候对文件中所保留的检验。

对于以上描述的三种常见手段，均能够针对已知及未知的病毒进行有效排查。但是文件校验技术只能判断是否存在病毒，对病毒的种类、危害是无法确定的，同时，在日常使用中，也存在修改文件内容的情况，其现象也有可能是正常现象，所以会发生校验错误。尤其是当软件以其他参数运行，或者软件自身版本更迭的时候，均会产生软件大小改变，引起误报警。同时，和特征代码技术一样，当一个病毒被激活时，病毒有可能删除自身在硬盘中的文件，仅仅存在于内存中，借以躲避文件校验。

3. 病毒行为检测

针对病毒的特定性为来进行检测，借以发现病毒存在，是病毒行为检测的目的。当下的病毒多以入侵、破坏计算机，窃取相关信息为主，通过将不同的病毒行为加以汇总、分析，可以知道当出现哪些行为时，意味着病毒已经启动。此时，便可以发现病毒的存在，并采取对应的策略。常见的病毒行为如下。

①占据 INT13H 功能。当操作系统启动时，系统会在主引导扇区取得执行权后执行 INT13H 功能，以便于对其他各项功能进行初始化。正常情况，INT13H 会按照既定步骤为系统进行初始化，因此为了让系统加载病毒代码，病毒会占领 INT13H 功能，并强行对病毒代码进行初始化，以达到攻击目的。

②缩小计算机内存总量。由于病毒的运行需要一定的内存量，同时病毒需要保持常驻，不能被其他清理程序轻易处理掉，因此病毒需要修改计算机的内存总量，让系统不会关注到被病毒占用的部分内存，这也是早期对抗杀毒软件的一种方式。

③修改计算机文件。病毒在计算机中必须以一个实体存在，因此常常会对既有的 .exe、.com 文件进行修改，将自己潜伏到现有文件中。利用病毒行为检测技术，可以以归纳法找到新的未知病毒，确认计算机当前的状态，但不能针对性地发现病毒所在，因此通常只能作为辅助手段。

4.软件模拟技术与预扫描技术

软件模拟技术，实际上就是复制并模拟运行当前的计算机状况，再将现有状况与正常状况进行对比，找寻其中的异同，借以发现病毒的运作机制。可见这是一种效率并不高的病毒检测手段，其主要针对的是多变的，以密码化运作的病毒。这种病毒很难从特征代码的角度识别，也很难定位，导致杀毒软件难以处理，但软件模拟技术可以为这样的顽固病毒创造解决途径。

而更加深入的，从模拟 CPU 状态方面入手，则成为预扫描技术。这种方法比软件模拟法更加深入而基层，理论上可以模拟任何变种的、未知的病毒，但缺陷是很明显的，消耗的时间远远大于其他方法，以至于必须在预扫描的同时采取其他干预措施，才能防止病毒扩散以及干扰模拟技术，因此这类技术目前尚未得到市场的认可。

二、计算机病毒的传播途径

（一）通过漏洞传播

例如，病毒传播者利用网络进行传播和复制的蠕虫病毒，通过 Windows RPC 漏洞直接感染装有 Windows 系统的主机，这是网络中成片出现主机感染病毒的原因。

越来越多的病毒传播者将传播方式从系统漏洞转向第三方应用程序漏洞，这是因为应用程序提供商的安全相应速度低于系统提供商，加之应用程序用户的安全知识和安全意识不足。例如，微软 Office 家族及 Adobe 的 Acrobat/Reader 系列等常用的办公软件实现复杂，功能强大，通常每个月都会报出新的漏洞，这些漏洞就可能被病毒传播者利用。

病毒传播者通过网站漏洞将病毒植入到网站中，即进行网页挂马传播病毒，用户一旦访问这些网站，就会被病毒感染。网页挂马一般选取访问量比较大的网站，利用这些网站的影响力以及用户对常用网站的信任权限设置，提高病毒感染的数量。

（二）通过 Internet 传播

互联网方便快捷，既能降低运作成本，还能提高工作效率。电子邮件、通信软件、网络游戏、浏览网页等都通过互联网来进行，其使用率十分频繁，是许多计算机病毒的传播途径。

1.通过电子邮件传播

随着互联网的日益普及，越来越多的商务活动都通过电子邮件传递信息，但病毒也随之将电子邮件作为传播的载体。比较常见的是通过互联网传递 Word 格式的文档。如果电子邮件中带有病毒，用户的计算机就会感染病毒。对于此类传播途径，用户应该提高安全意识，不轻易打开陌生邮件。

2.通过浏览网页传播

用户在浏览网页后，可能出现 IE 标题被修改、自动打开窗口、被迫登录某一网站、被强制安装软件等情况，这就是病毒通过网页传播的体现。应对此类病毒的方式是养成良好的上网习惯，不随便点击那些充满诱导性的网站，保证计算机始终处于安全环境中。

3.通过网络游戏传播

许多人通过网络游戏来丰富业余生活，缓解生活压力。对玩家来说，网络游戏中最为重要的就是装备、道具等虚拟物品。这些虚拟物品随着时间的积累，会转化成具有真实价值的东西，也就是虚拟物品交易。随着这种虚拟物品交易的发展，也出现了偷盗虚拟物品的现象。网络游戏需要通过互联网才能运行，偷盗游戏账号和密码的木马病毒层出不穷。应对此类传播方式，需要加强主机的安全性，设置较为复杂的密码，不在网吧等公共环境上网。

4.通过即时通信软件传播

即时通信软件用户众多，加之其自身存在一定的安全缺陷，导致病毒能够轻易获取传播目标。更多的时候，通过即时通信软件传播的病毒是在陆续发现中，而且有越演越烈的态势。应对此类病毒传播的方式是不随意点击好友发送的可疑文件，首先应确认是否是真的好友所发，地址信息是否可疑等，此类文件通常伪装成诱人的图片或好玩的游戏等。

（三）通过可移动储存设备传播

可移动储存设备主要包括 U 盘、可移动硬盘等，另外手机、数码相机、平板电脑等现代数码产品在接入电脑时，其也可以作为一个可移动存储介质进行处理。目前，可移动存储设备已是主要的病毒传播媒介之一。

例如，由于 U 盘有便携性，存储容量较大，用户对 U 盘的使用频率很高。一些染毒的计算机文件就以可移动磁盘为传输介质实现了大范围的传播。用户在公共场所使用可移动储存设备时应该谨慎，以免感染病毒。

（四）通过计算机硬件设备传播

在通过计算机硬件设备传播这一途径中，计算机的硬盘以及专用集成电路芯片（ASIC）是其主要传播媒介。通过 ASIC 传播的病毒较少，但危害性极强，计算机一旦被感染，就会损坏计算机硬件。

三、计算机病毒的防范技术

（一）特征判定技术

1. 随机扫描

利用随机扫描策略的网络蠕虫，会产生一个伪随机数，利用这个伪随机数确定网络中的 IP 地址，并对其进行扫描。这种扫描策略的优点在于对网络扫描较为彻底，并且简单易实现。缺点是网络空间所有的地址，其中包含未分配和保留地址，都在随机扫描的范围中。这种大范围的随机扫描容易引起网络拥塞，提高了网络蠕虫在爆发前被发现的可能性，隐蔽性较差。

2. 选择性随机扫描

在随机扫描的基础之上，排除了被保留和未分配的 IP 地址，并选取一些很有可能被感染的 IP 地址作为扫描的地址空间。相较于随机扫描策略，选择性随机扫描更具有针对性，缩小了扫描的地址空间，加快了网络蠕虫的传播速率。有些蠕虫病毒还会采用多线程进行扫描，以增大扫描速率。在这样的方式下，限制网络蠕虫扫描速率的主要因素就变成网络带宽。

3. 顺序扫描

随机选取一个 C 类网络并按照顺序对其进行扫描。这一扫描策略的优势在于，一旦选取的网络具有较多可被网络蠕虫利用的漏洞，蠕虫就会在这个网络中产生很好的传播效果。缺点是，顺序扫描可能对同一台主机多次扫描，引起网络拥塞，减弱其隐蔽性。

4. 初始列表扫描

在网络蠕虫开始传播之前，就生成一个易受感染地址的初始列表，在网络蠕虫释放后，通过该列表扫描选择攻击目标。这一策略中用到的初始列表，通常都是由网络中的关键节点组成。网络蠕虫在初期的传播时间，主要由扫描初始列表的时间决定。初始列表的生成有两种方法。一是，通过小范围扫描和网络中的共享信息生成。二是，通过分布式的信息搜集方法生成比较全面的数据表。这一扫描策略的效率较高，但由于初期搜集信息生成初始列表花费时间较多，可能错失利用漏洞的机会。

5.可路由地址扫描

利用网络中的路由信息有选择性地对网络地址空间进行扫描。常为网络蠕虫利用的是公开的 BGP 路由表信息，黑客从中获取 IP 地址前缀，以此来验证 BGP 路由信息的可用性。这种扫描策略可以提高网络蠕虫的扫描速率，但蠕虫必须带有路由 IP 地址库。

6.DNS 扫描

从 DNS 服务器上获取一些 IP 地址信息，以此作为网络蠕虫扫描的地址库。这样的扫描方式使得网络蠕虫的传播和攻击具有针对性，同时可用性也大大增强。这种扫描方式的缺点是，由于网络蠕虫在传播时需要携带的地址数量较为庞大，所以会对传播速度有一定的影响。

（二）行为判定技术

这是要解决如何有效辨别病毒行为与正常程序行为，其难点在于如何快速、准确、有效地判断病毒行为。如果处理不当，就会带来虚假报警，从而不再引起用户的警惕。

行为监测法是常用的行为判定技术，其工作原理是利用病毒的特有行为特性进行监测，一旦发现病毒行为则立即报警。经过对病毒多年的观察和研究，人们发现病毒的一些行为是病毒的共同行为，而且比较特殊。在正常程序中，这些行为比较罕见[24]。

（三）抗分析病毒技术

计算机病毒的广泛传播推动了反病毒技术的不断创新与发展，也促进了计算机病毒新技术的不断更新。针对计算机病毒的分析技术，出现了抗分析病毒技术，这样可以更加清楚地分析病毒的类型和病毒入侵的原理。

1.密码技术

可以说从人类诞生开始，密码学就开始产生了，密码学的发展估计有上千年的历史了，它是一门古老的学科，具有非常绚丽多彩的故事。历史上有很多故事都是和密码学相关，特别是在战争时期，加密信息的传输与破译在战争年代每天都在上演着。同样密码技术的发展也是不断变化，但是由于处于特殊的

背景下，再好的技术也是只能存在于历史中。任何新技术的发展和创新都需要经过严格的筛选。发展到现在，密码学已经是大家随意可以触及的了，它在依靠计算机技术后，发展和创新更加的迅速和丰富起来。当前的密码学已经渗入到各领域中，从计算机到通讯再到数学等都在促进者密码学的发展。

在 1976 年，两位资深的科学家揭开了密码学的神秘面纱，他们发表了密码学的主要原理即利用密钥加解密的思路。从那以后，密码学就再也不需要隐藏于黑暗的一面了，它不断地融入人们的社会生活中来，为促进社会的和谐平等发展做出的巨大的奉献。密码学的发展进入的繁荣时期。

随着公钥密码算法的提出，世界上几乎所有的密码算法变得都以此算法为基础，虽然算法多种多样，但是基本的原理都是一样的，无非就是密钥的强弱与健壮性区别。这就是后期的非对称技术，其中公钥 K 是可以公开，私钥 s 则需要安全保密。加密密码以及解密密码也可以是公开的。有人会怀疑密钥的不安全性，这无须担心，因为这种算法是不可逆的，无法通过公钥算出私钥的。

虽然公钥算法很容易理解和实现，但是被破译的占绝大部分，经过时间的推移，最后剩余下了的算法寥寥无几。目前的密码学技术的技术基础都是数学难题。算法分类主要有 RAS、RABIN、LUC 等。其中 RSA 出现的比较早，但是随着计算机的发展，被破译的概率愈来愈高，这也间接迫使 RSA 速算法不断的加长自己的密钥长度，但是反过来也导致加密的耗时增加很多，此种算法也逐渐被其他算法取代。随之而来的就是非对称加密算法了，它的密钥长度很短，加密效率很高，而且在安全性能上不输于长密钥的 RSA 算法。每次计算的时候都会以椭圆曲线的某点作为基点，在经过复杂的运算后得出结果。同样，此种说法也是基于椭圆算法的数学难题，如果有一天此数学难题被破解，那么此种说法瞬间就会被破译。按照当前的技术水平还是无法破解此数学难题的，这也是非对称密码算法是目前最流行的说法的原因之一了。它也被大量运用到科技、军事、经济中去，正因如此，也被列入国际标准 IEEE 中。

将要加密的明文按照一种特定的加密算法进行计算，变换得到加密后的密文。黑客将加密技术应用于计算机病毒，其实就是把病毒的代码和数据作为明文利用加密算法进行加密。通过加密技术可以消除计算机病毒原有的代码和数据的特征，提高计算机病毒的防御能力。加密算法多种多样，不同的加密算法保密强度不同。比较简单的加密算法可以使用异或、移位等。保密性越强的算法用于蠕虫病毒，产生的防御效果也会约好。

2. 反跟踪技术

这种技术可以在不执行病毒的情况下阅读加密过的病毒程序；也可以分析无法动态跟踪病毒程序的情况下，反跟踪病毒从而分析出病毒入侵的工作原理。对于动态病毒和静态病毒都可以进行处理。

（四）隐蔽性病毒技术

病毒在传播过程中不需要特殊的隐蔽技术就可以达到广泛传播的目的。而且这种隐蔽性病毒刚开始的时候不易被发现，病毒可以长时间的存在计算机系统中，逐渐被大面积地感染从而造成大面积的破坏。因此隐蔽性病毒技术就是病毒能够很好地隐蔽自己而不被发现。

这种病毒也是针对计算机病毒检测的，隐蔽性病毒出现就会有一套成熟的检测病毒的方法，隐蔽性病毒在广泛传播的过程中也就会利用自身的技术优势躲避针对性地病毒检测，而成功地潜入计算机系统的运行环境中，采用特殊的隐形技术隐蔽自己的行踪，计算机用户感觉不到病毒的存在，计算机病毒检测工具也难以检测到此类病毒的存在。

（五）多态性病毒技术

多态性病毒的技术手段更加高明。这种计算机病毒能够在自我复制时，主动改变自身代码以及其存储形式。由于这种病毒具有变形的能力，所以它们没有特定的指令和数据，因此通过特征码来检测这类病毒也是不可行的。

这种病毒的变形过程由变形引擎负责。多态变形引擎主要由代码等价变换和代码重排两个功能部分组成。其中，代码等价变换的工作是把一些指令用执行效果相同的其他指令替换。在病毒代码经过等价变换后，其长度会发生变化，并且有些病毒还会采用随机插入废指令、变换指令顺序、替换寄存器等方式进一步变形代码。所以接下来，代码重排需要做的就是重新排列代码以调整偏移寻址的指令的偏移量。

四、计算机病毒的防范措施

（一）安装防火墙

用户在使用计算机前应当建立合适的防火墙，给计算机提供全面的防护。防火墙能够及时发现计算机运行中所存在的各类风险因素，并可以多数据传输，以进行有效的隔离及保护，同时该技术还能够将各项操作进行实时记录及分析，并在发现危险因素时，能发出相应的警报，以此来起到警醒作用。其次，防护墙可对一些攻击进行过滤，并采取相应的措施进行阻止，避免各类病毒对计算机的攻击。由此可见，安装防火墙程序是非常有必要的。

（二）安装杀毒软件

此种方法是非常普遍的一种防范措施，也是计算机使用者最容易上手的一种防范计算机病毒的方式。在安装了杀毒软件之后，计算机使用者可在使用计算机的过程中，定期对计算机进行病毒的查杀，并及时更新计算机病毒库，从而防止计算机病毒破坏计算机。

（三）及时更新计算机系统

计算机会定期检测自身的不足与漏洞，并发布系统的补丁，计算机的网络用户需要及时下载这些补丁，并安装，避免网络病毒通过系统漏洞入侵计算机，进而造成无法估计的损失。计算机用户需要及时对系统进行更新升级，维护计算机的安全，此外关闭不用的计算机端口，并及时升级系统安装的杀毒软件，利用这些杀毒软件有效的监控网络病毒，从而对病毒进行有效防范。

（四）及时备份重要的数据文件

因不同的人群的操作习惯有着较大的差异性，若想保障计算机内数据信息的安全，避免因病毒入侵导致数据丢失、乱码等一系列问题发生，用户需养成定期备份的习惯，及时将计算机内重要的数据文件等进行备份，该方式可有效降低病毒入侵计算机所带来的损失，保证用户的个人利益。

（五）培养自觉的信息安全意识

由于移动存储设备也是计算机病毒的携带者，为减少不必要的损失，用户在使用 U 盘、移动硬盘等此类存储设备时，应尽可能不去共享这类设备。在条件许可的情况下做到专机专用。

（六）树立计算机病毒防范意识

对计算机病毒可能会给计算机安全带来的危害予以重视，养成良好的计算机操作习惯，不运行和打开来历不明的程序、电子邮件，不访问非法、山寨网站，定期对计算机内重要数据和文件进行异地备份。掌握一些必要的计算机病毒防范知识，以减少病毒可能对计算机系统造成的损害。

（七）掌握必要的计算机技术能力

随着科学技术的迅速发展，计算机已经被广泛运用在各行各业中，虽然该技术手段能够给用户的工作及生活带来较大的便利，但同时也是一把双刃剑，给别有用心之人搭建了桥梁，因此若未能做好严格把控工作，会给用户带来较差的使用体验。针对个人用户而言，需掌握一些必要的计算机技术能力，并了解与此相关的知识，该方式在计算机内感染病毒时，可及时被使用者发现，并采取有效的措施解决此类问题，最大程度地降低计算机病毒所带来的危害。

（八）加强对计算机系统的安全检查

计算机经常会受到病毒侵害，应有效应对计算机系统的安全威胁，避免出现严重的破坏。如果发生严重的损坏，会造成重大的损失，应定期进行有效检查，特别是加强对计算机系统的安全检查，保证计算机使用效果，及时处理计算机问题。

第四节　数据库与数据安全技术

一、数据库的安全标准

数据库的安全标准国内外有着不同的要求，并不是完全统一的，但是通常意义上要保证数据库的安全。

首先，保证数据库的安全首要就是控制数据库中数据的保密性。这要求数据库中的数据信息资源必须是保密的，只有合法访问权限的用户才能访问数据库中的数据。数据库在被设计开发时，一般先会根据使用单位的数据的访问需求和管理架构，将数据库分为级别，编写不同保密级别的访问程序进行数据库的保密性控制，确保数据库中的数据信息根据保密程度的不同，被相对应的合法用户进行访问。此外，在外部环境中，数据库中数据的安全保密性质也被各项硬件和软件技术加以控制。

其次，要想有效控制数据库中数据的完整性与一致性，就要保证数据库中数据的完整性与一致性不会因为用户的各种操作而遭到破坏。一般来说，用户进行的应用操作是对于数据库中数据信息的查询访问和存取，由于数据库具有自身独立性，数据库的升级或修改不影响用户的应用操作。但是，在实际应用中，攻击者会通过入侵技术、病毒等侵害数据库的完整，甚至造成数据库结构的破坏。这也是当前国内外学者研究的数据库安全模型的主要攻克方向。

最后，数据库中数据必须是可以使用的，也就是数据库的有效性。在网络环境中，即使攻击者攻击了数据库，也要确保数据库的安全管理策略，可以通过各种技术手段对数据进行修复，确保数据一直保持在可以使用的状态。

以上三点是在建立数据库安全模型时通常需要考虑的基本要素。同时也作为我国和国际上各国在制定数据库安全标准时的衡量因素。

总之，数据、数据库乃至数据库的安全管理策略，都离不开信息保密性、独立性、完整性、有效性几个显著特质。

二、数据库安全的类型

（一）数据库运行的系统安全

数据库运行的系统安全，一般体现在互联网环境下，攻击者对信息数据库运行的系统环境，用多种方式进行攻击，使系统无法正常运行甚至瘫痪，从而导致数据库不能被进行查询、使用，或者存储、备份。

简而言之，数据库运行的系统安全防护是一种类似网络安全设备和软件的使用安全保护。借助用来实施安全防护的应用产品，比如利用防火墙、入侵检测技术等来控制攻击者对数据库的非授权性访问。

（二）数据库内的信息安全

数据库的信息安全是一种更为深层、更为基础的数据信息安全控制保护，它针对的标的，是数据遭到破坏和泄露威胁的可能性，比如，黑客成功进行系统破坏后，侵入数据库获取了信息数据，再比如，作为能够直接接触敏感数据信息的内部人员，因为某种目的而进行的人为数据信息泄露，这些都属于数据库内的信息安全问题的范畴。而近几年，随着行业规范和职业道德与互联网高速发展的不匹配性日趋严重，由于内部工作人员进行的人为数据信息泄露，已经成了数据泄露的主要原因之一。

由于数据库安全作为数据信息安全的最后一道防护线，所以，数据库安全的防护是所有计算机互联网信息安全模型建立的首要对象。互联网信息安全模型的建立基础就是要防止攻击者从任何一个环节或者方向，对数据信息资源进行窃取和篡改。

三、数据库安全的特性

（一）数据独立性

前面介绍了数据库的特征，基于数据库的整体结构化和独立性的特征。我们不难发现，数据库安全防护也是基于此开展起来。由于数据库开发者是根据使用者的特定使用需求，对整体数据信息分级分类的建立统一数据库结构，并进行存储。这就使得数据库具有了整体的结构完整性，同时又是独立程序管理。

数据库的设计建立和运行维护是由数据库开发者和数据库管理员提供管理的，使用者不用接触数据库的设计程序。所以，在使用者进行操作应用程序时，不以数据库的升级和修改为行为安全参考。在数据库安全定义下，数据的独立性是支持数据库安全的必要环境条件。

（二）数据安全性

由于数据库自身带有独立性和整体性的特征，这就使得数据库的安全性相对稳定。数据库的开发者在设计、建立数据库时首先考虑到的就是数据库内的数据的安全性，为了完善数据的安全性，数据库的编写人员会考虑运用到多种加密技术，还有访问权限的分级控制，以及数据库有可能会出现的 bug 或者安全漏洞。以上这些围绕数据库开发的相关技术都在源头上为数据库提供了安全保护，以此加强了数据库内的数据信息安全性。

（三）数据完整性

数据库的整体结构化特点，奠定了数据库在安全模式下，数据的完整性这一特征的理论基础。另外，由于数据库开发者在最初设计制定数据库安全系统管理策略时，充分考虑数据库安全使用的外部环境和内部结构瑕疵，积极利用多项数据库安全技术，使得数据库内的数据信息资源在网络环境中，被提取、存储以及使用具有完整性和不被篡改。

（四）并发控制

人们建立数据库，就是为了能做到数据信息资源共享。数据库通常被多个用户同时同步，甚至是进行同一个使用操作，来共享数据信息。为了避免在数据库被并发访问时，出现存储或提取到不正确的数据，从而破坏了数据库的一致性，影响数据库的使用安全，数据库安全管理系统设立数据库的并发控制是非常重要和必要的。数据库编写过程中，开发者往往会提供自动的通过编程来

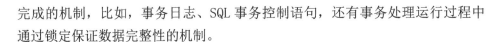

完成的机制，比如，事务日志、SQL 事务控制语句，还有事务处理运行过程中通过锁定保证数据完整性的机制。

（五）故障恢复

在数据库安全管理系统中，数据库的故障恢复和数据库的完整性、数据库的并非控制一样，都是针对数据库内的数据信息资源的安全完整性的控制。

从理论上讲，数据库的安全在做到充分安全考虑和优秀的外部运行环境下，是能够达到最完美的管理控制的。但实际上，在我们社会工作生活的实际网络环境中，所有的系统都不可能避免发生故障，有可能是硬件设备失灵，或者是软件系统崩溃，也有可能是其他外部自然原因或人为操作原因。

由于以上这些原因，导致的计算机操作运行突然中断，正在被访问和使用的数据库就会处在一个错误状态，即使故障排除后，也没有办法让系统精确地从断点继续执行下去。这就要求数据库在初始开发时，就要有一套故障后的数据恢复机构，保证数据库能够回复到一致的、正确的状态去。这就是数据库的故障恢复。

四、数据安全技术

（一）数据安全

1. 数据备份

数据备份是为了避免系统出现操作失误或系统故障造成数据丢失，将系统中的全部或部分数据从系统硬盘或阵列中复制到其他存储介质上的过程，能在计算机以外的地方另行保管。当计算机受到数据威胁或发生故障时，可以从备份的存储介质上恢复正确的数据。

对于系统恢复而言，数据备份这一操作步骤是必不可少的，因为任何系统的恢复都是建立在备份基础上的，没有数据，系统的恢复就是天方夜谭。数据备份和恢复系统通过将计算机系统中的数据进行备份和脱机保存后，当系统中的数据因任何原因丢失、混乱或出错时，即可将原备份的数据从备份介质中恢复回系统，使系统重新工作。数据备份与恢复系统是数据保护措施中最直接、最有效、最经济的方案，也是任何计算机信息系统不可缺少的一部分。数据备份的方法有以下几种。

（1）完全备份。

如今，完全备份是比较流行的备份方式之一，其操作方法就是直接拷贝计算机或系统中的全部文件，其特点在于简单、方便、安全。为系统进行完全备份，就好像为系统上了一层安全保险，即使系统中的数据突然丢失，只需要找到前一天的完全备份就能很快将数据进行恢复，甚至是一次性完成。

虽然完全备份可以确保数据的完整性，但是它需要用户每天都要花费一定的精力对系统进行备份，并且在备份过程中，备份的内容也会产生重复，不仅花费了大量的时间，还浪费了大量的磁带空间，最后导致用户成本的增加。所以，完全备份不适用于那些业务繁忙、备份时间有限的用户。

（2）增量备份。

由于完全备份需要消耗的时间、资源、精力都很多，由此就产生了一种相对简化的备份方式——增量备份。增量备份是指备份时不会备份所有的数据内容，只对比前一次备份的备份内容增加或修改的部分进行备份，也就是说备份的主要内容是更新过的数据。有了增量备份，备份的效率有了很大程度上的提高，不仅减少了备份介质储存空间的浪费，还减少了备份人员时间和精力上的浪费。增量备份虽然对于数据备份的时间和空间有了较大的改善，但是它在数据恢复过程中也存在了不足，这就是不能一次性地完成整体的恢复。

（3）按需备份。

除了以上的备份方式，还存在一种灵活性较高的备份方式——按需备份。按需备份并不对所有的数据都进行备份，它只备份需要的数据，例如，计算机系统中缺少了几份文件或重要的数据，但是大部分的数据都存在，这时采取按需备份的方式对计算机系统中需要的信息进行相应的备份，就可以达到实际的需求目标。按需备份的方式在实际中经常遇到，它可弥补冗余管理或长期转储的日常备份的不足。

2. 数据恢复

（1）数据库恢复理论。

所有的数据恢复方法都基于数据备份。对于一些相对简单的数据库而言，每隔一段时间就要做个数据库备份，但对于一个繁忙的大型数据库应用系统而言，只有备份是远远不够的，还需要其他方法的配合。恢复机制的核心是保持一个运行日志，记录每个事务的关键操作信息，比如更新操作的数据改前值和改后值。事务顺利执行完毕，称之为提交。发生故障时数据未执行完，恢复时就要滚回事务。滚回就是把做过的更新取消。取消更新的方法就是从日志拿出数据的改前值，写回到数据库里去。提交表示数据库成功进入新的完整状态，滚回意味着把数据库恢复到故障发生前的完整状态[25]。

在制定数据库备份时一般会从以下几个方面进行考量：备份数据的保存周期，如每次备份保留 30 天，这样可以确保 30 天内的数据库中的数据得到恢复。备份的版本类型。比如某个应用生成的数据存放在某个固定文件夹内。这个文件夹内的数据每天都会发生变化。此时为了数据能完整恢复，除了考虑备份保留周期，还要考虑备份数据的保留版本。如果数据每天都有产生和删除的事务，数据按照每天备份 1 次，只保留 2 个版本，但是此时要做 3 天前的数据恢复，就不能保证备份数据的有效恢复了。还有备份的类型和备份的频率，比如数据库的全备、增量和归档备份等等，还比如，多久备份一次数据。通过对数据库备份策略的考量分析，人们可以研究制定相应的数据库恢复策略。

（2）数据库数据恢复方法。

现在使用电脑的人基本都是谈"毒"色变，病毒带来的数据破坏，比如说分区表破坏、数据覆盖等；像 CIH 病毒破坏的硬盘，其分区表已被彻底改写，用 A 盘启动也无法找到硬盘。这种破坏症状往往不可预见。而且由此病毒破坏硬盘数据的症状也不好描述，基本上大部分的数据损坏情况都有可能是病毒引起的，所以最稳妥的方法还是安装一个优秀的病毒防火墙。由于病毒破坏硬盘数据的方法各异，恢复的方案就需要对症下药。

一般以常见的，以 CIH 为例，因为它最普遍，也最容易判断。当用户的硬盘数据一旦被 CIH 病毒破坏后，使用 KV3000 的 F10 功能，可以进行修复。修复的程度：C 盘容量为 2.1G 以上，原 FAT 表是 32 位的，C 分区的修复率为 98%，D、E、F 等分区的修复率为 99%，配合手工 C、D、E、F 等分区的修复率为 100%。硬盘容量为 2.1G 以下，原 FAT 表是 16 位的，C 分区的修复率为 0%，D、E、F 等分区的修复率为 99%，配合手工 D、E、F 盘的修复率为 100%。因为原 C 盘是 16 位的短 FAT 表，所以 C 盘的 FAT 表和根目录下的文件目录都被 CIH 病毒乱码覆盖了。KV3000 可以把 C 盘找回来，虽然根目录的文件名字已被病毒乱码覆盖看不到了，但文件的内容影像还存储在 C 盘内的某些扇区上。推荐用 KV3000 找回 C 盘，再用文件修复软件 TIRAMISU.EXE 可将 C 盘内的部分文件影像找回来，如果原存放文件影像的簇是相连的，找回的文件就完整无损。但对于 FAT16 的 C 盘是不是中了 CIH 就没救呢？还是可以尝试一下 FIXMBR，它可以通过全盘搜索，决定硬盘分区，并重新构造主引导扇区。病毒破坏硬盘的方式在实际应用

[25] 黄思曾，黄捷迅.计算机科学导论教程 [M].北京：清华大学出版社，2010.

过程中有太多种类型，而且大部分破坏都无法用一般软件轻易恢复。

数据损坏中除了物理损坏之外最严重的一种灾难性破坏可能就是分区表破坏，引发这种损坏的原因有几方面：人为的错误操作将分区删除，但是只要没有进行其他的操作就完全可以恢复。还有就是安装多系统引导软件或者采用第三方分区工具引发的分区表损坏。除此以外，利用 Ghost 克隆分区硬盘破坏，这种情况只可以部分恢复或者不能恢复。

针对以上损坏情况的恢复，首先是要重建 MBR 代码区，再根据情况修正分区表。修正分区表的基本思路是查找以 55AA 为结束的扇区，再根据扇区结构和后面是否有 FAT 等情况判定是否为分区表，最后计算填回主分区表，由于需要计算，过程比较烦琐。如果文件仍然无法读取，要考虑用 Tiramint 等工具进行修复。如果在 FAT 表彻底崩溃，恢复某个指定文件，可以用 Disk Edit 或 Debug 查找已知信息。比如文件为文本，文件中包含"软件狗"，那么我们就要把它们转换为内码 CEDBCFEB9B7 进行查找。

3. 数据完整

（1）数据完整性措施。

最常用的保证数据完整性的措施是容错技术。常用的恢复数据完整性和防止数据丢失的容错技术有备份和镜像、归档和分级存储管理、转储、奇偶检验和突发事件的恢复计划等。

在现代科技中，容错技术可以有效解决破坏数据完整性的问题，它基于数据库的正常系统，通过软件或硬件的冗余来减小故障，从而使数据库系统自动回复或能够安全停机。

也就是说，容错是以牺牲、软硬件成本为代价达到保证系统的可靠性，如双机热备份系统。目前容错技术将向以下方向发展：应用芯片技术容错；软件可靠性技术；高性能、高可靠性的分布式容错系统；综合性容错方法的研究等。

（2）容错系统的实现方法。

①空闲备件。空闲备件是指在系统中配置一个处于空闲状态的备用部件。当原部件出现故障后，备用部件就代替原部件工作。例如，将一个旧的低速打印机连接在系统上，但只在当前使用的打印机出现故障时再使用该打印机，即该打印机就是系统打印机的一个空闲备件。空闲备件在原部件发生故障时起作用，但与原部件不一定相同[26]。

②负载平衡。负载平衡就是将负载分摊到多个处理器中，使其达到平衡的

[26] 刘永华. 计算机网络安全技术 [M]. 北京：中国水利水电出版社，2012.

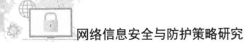

状态。一般来说，负载平衡的方式是将一项任务分为两个部件来承担，这样就算其中的一个部件出现了问题，另一个部件也能承担全部的负载。这种方法常见于双电源的服务器系统中，避免了电源故障的突发问题。

（二）数据防护

当前，应用较为广泛的数据防护技术，主要包括以下几点。

1. 磁盘存储阵列

这是当前应用最为广泛的安全手段，主要是把多个存储介质以阵列的形式集中管控，统一进行数据的管理和读取，即可以提高安全性，在数据读取的效率上也具备先进性。

2. 数据备份及恢复

包括数据的定时备份、应急备份和备份恢复等技术范畴。

3. 热备容错

通常采取双机的形式，在特定领域也有采取多机的形式。主要是针对在线的，对实时性要求较高的数据安全需求，采取双机数据同步处理的方式，当主机数据出现故障或受到威胁时，可以无缝移植到备用机的使用，保证数据的稳定性和在线服务的连贯性，这种应用方式在金融、能源等领域最为常用，其所需消耗的资源和成本也相对较高。

4. 数据动态迁移

由各类在线或离线的存储介质共同组成存储体系，能够将数据在各介质之间快速、稳定、完善的实现数据的同步和迁移，根据数据的访问频度划分存储介质的使用区域，最大程度上发挥存储介质的性能效率。

5. 异地容灾恢复

该技术主要用于大型行业的分布式数据中心，主要通过远程存储的技术，使得多个数据中心共享一个远程的备份中，可以提高备份中心的使用效率和建设效益。

第六章 网络信息安全与防护策略

网络安全主导国家信息安全，近些年，国家给予网络安全的重视使得网络安全到达一个新高度，网络信息安全问题成了人们关注的焦点，伴随科技飞快发展而来的网络信息安全问题变得日渐繁杂。本章分为网络信息安全中的数据加密技术、大数据时代的网络信息安全问题。计算机网络信息安全及防护策略三部分。主要内容包括：密码学知识、数据库知识、数据库加密算法及对比、大数据时代与计算机网络安全分析、大数据时代影响计算机网络安全的因素等方面。

第一节 网络信息安全中的数据加密技术

一、加密技术基础知识支撑

（一）密码学知识

1. 伪随机函数

伪随机函数又被称为伪随机数生成器，这是一种高效且确定性的算法，能够将一段被称作种子的简短且统一的串转换成为一段较长且"看起来不统一"（或者说是随机）的输出串。在密码学中，随机数起着非常重要的作用，可以提高算法的安全性。比如：

相互认证：在一些密钥分配中，一次性随机数通常被用来预防重放攻击。

产生会话密钥：采用随机数来当作会话密钥。

公钥加密算法中产生密钥：采用随机数作为公钥加密中的加密密钥，或者以随机数来生成公钥加密算法中的加密密钥。

上述的几种运用场景中的随机数需要保证随机性和不可预测性。

随机性：均匀分布，随机数中的每个数字出现的频率应该相等或者近似相等；独立性，随机数中的任意一个数都不能够由其他数推出。

不可预测性：在例如相互认证和生成会话密钥等应用中，不但需要保证随机数具有随机性，还要保证对随机数中以后的数是不可预测的。对于真随机数来说，数中的每个数都是独立于其他数的，因此不可预测。但是对于伪随机数来说，还需要特别地防止敌手根据随机数前面的数来预测后面的数[27]。

在设计密码算法时，真随机数是很难获得的，物理噪声产生器，例如离子辐射脉冲检测器、气体放电管、漏电容等都可以用作随机数源，但是在网络安全系统中采用较少，一是因为数的随机性和精度不够，二是因为这些设备很难使用到网络系统中。一方面解决办法是将高质量的随机数作为一个库编辑成书，但是由于网络安全中对随机数的需求过于庞大，这样的方式提供随机数有限。另外，尽管这样的随机数的确具有随机性，但由于敌手也能够获得这样的随机数源，同样也难以保证随机数的不可预测性。

所以，在网络系统中所需的随机数通常采用安全的密码算法来生成。但是由于这样生成的方式是确定的，所以产生的随机数也不是真随机数。然而若算法设计得好，生成的随机数能够通过各项随机性检验，那么就能形成伪随机数[28]。

对于线性同余算法性能的评价有三个标准：①迭代的函数需是整周期的；②生成的随机数数列看上去应是随机的。由于随机数是确定性生成的，所以不可能是真随机的，但是可以使用各种统计检测来评价随机数具有多少的随机性；③迭代函数应有效利用 32 位的运算来实现。

2. 对称密码体制

对称密码体制是一种传统的加密体制，又叫作单密钥密码体制，若一个密码算法的加密密钥和解密密钥相同，或尽管不相同，但可以通过当中任意一个推导出另一个，那么该密码体制就被称为对称加密体制[29]。

对称密钥密码体制的特点为：加解密密钥相同，也可以说本质上相仿；密钥需要严格保密，这意味着密码系统的完全安全是依赖于密钥的保密。通信双方的信息经过加密后可以在不安全的环境下传输，但是通信双方的密钥在共享的过程中必须保证在安全的环境下完成。根据加密的方式，对称加密算法可以

[27] 杨波. 网络安全理论与应用 [M]. 北京：电子工业出版社，2002.

[28] 宋秀丽. 现代密码学原理与应用 [M]. 北京：机械工业出版社，2012.

[29] 包伟. 对称密码体制与非对称密码体制比较与分析 [J]. 硅谷，2014，7（10）：138-139.

分为分组密码加密和序列密码加密。分组密码加密是把加密消息分组，然后按组加密；序列密码加密是采用密钥序列来将明文每个比特进行加密。

分组密码：分组密码加密的原理是把明文拆分成固定长度的组，例如 64bit 为一组，当然输出的密文也是固定长度。当前比较常用的对称加密方案有数据加密标准 DES、高级加密标准 AES、国际数据加密算法 IDEA、Blowfish 加密算法等。这几种加密算法都采用的是 Feistel 的分组结构。其中使用最为广泛的对称加密算法为 DES[30]。

序列密码：语音、图像以及数据等信息可以通过编码转化成二进制的数字序列或者本身即是二进制的序列。所以，序列密码的加密系统可以用六元组来描述（M，C，K，Eke ，Dkd ，Z ）。其中 M 为明文空间，C 为密文空间，K 为密钥空间。

对称加密体制的密码系统具有加密解密速度快和高安全强度的特点，使得其广泛运用在军事、外交及商业等领域。而且分组密码可用于伪随机数生成器、消息认证码、序列密码以及杂凑函数，能够在计算机通信系统和信息系统的安全领域中得到广泛运用。而序列密码由于其容易在硬件中实施、加解密速度快、错误扩散低，而适用于要求高准确度的传输环境中。尽管对称密码体制具有密钥分发和密钥共享上的种种困难，也基于此后来出现了公钥密码体制，但是由于其上述的优势，依然在各个信息安全领域中具有不可撼动的地位[31]。

（二）数据库知识

1. 关系与非关系型数据库对比

（1）关系型数据库。

关系型数据库使用了关系模型来存储数据，即二维表格模型，而整个数据库就是通过二维表及二维表之间的关系组成整个数据库中的数据。常见的关系型数据库有 Mysql 和 Oracle 等。通常在关系型数据库中存储的数据较少，且不会用在分布式系统中。

另外，关系型数据库最大的优势就在于维护了事务的 ACID 四大特性，即原子性、一致性、隔离性和持久性。

原子性（Atomic）：指整个数据库中的事务是不可分割的，只有当数据库中的所有命令执行成功，整个事务才算执行成功。若事务中的任意一个命令执

---

[30]　邓春红. 网络安全原理与实务 [M]. 北京：北京理工大学出版社，2014.

[31]　张靖. 计算机网络安全与防护 [M]. 成都：电子科技大学出版社，2010.

行失败，那么这整个事务都需要全部撤销，包括已经执行成功的命令，接着数据库的状态便回溯到执行事务前的状态。

一致性（Consistency）：指在任何时间节点上，用户访问数据库中的数据都应是唯一且最新的，关系数据的完整性和业务逻辑的一致性不能被数据库执行的事务破坏。

隔离性（Isolation）：指在并发环境下，不同的事务处理的数据必须是不相关的，若相关，则不能同时执行。

持久性（Durability）：指当事务成功执行后，其结果对数据库的改变会被永久保存下来，即便系统崩溃，数据库还是能够恢复到事务成功执行后的状态。

（2）非关系型数据库。

非关系型数据库就是为了弥补关系型数据库的缺点而出生的。为了满足互联网中的数据日益增加，非关系型数据库取消了关系型数据库中表的结构，采用一个又一个的数据对象来存储，没有固定的结构。这个数据对象可以是文件、图片以及键值对等类型。

抛开关系型数据库中的关系束缚，这样的非关系型数据库就能实现快速读写。由于没有受到写请求的锁限制，并发读写的能力也就远远大于关系型数据库。写数据的时候不用维护数据与数据之间的关系，也不需要将数据的格式固定在一个表中，另外也不需要维护 ACID 的特性，这就使得性能得到了很大的提升。由于上述的特点，非关系型数据库能够很好地在分布式系统中发挥出自己的优势，因此也能更好地满足现在大数据的互联网氛围中。

关系型数据库与非关系型数据库的应用对比：通过上面的介绍，我们可以得知这两种数据库是一种互补的关系，各自的缺点就是对方的优势，没有优劣之分，只是适用于不同的应用环境。关系型数据库由于其保持了 ACID 的特性，所以在例如银行这种对数据一致性和事务要求很高的领域中，关系型数据库就显得一枝独秀。因为在银行系统中的数据要保证时刻的正确性。

2. 数据库加密技术

（1）同态加密。

同态加密是指对加密数据的代数运算结果，经过解密后与原数据的代数运算结果一致的一种加密方式，对于云环境下的物联网与电子商务等领域有着重要的价值，简化了检索等操作步骤，同时许多运算不必首先经过解密操作，大大增加了数据的安全性，减少解密操作，保护了数据的安全。

同态加密概念从提出之后，经历了仅具有加法同态性质或乘法同态性质的部分实现的阶段，到 2009 年 Craig Gentry 才构造出第一个理想格全同态加密方案，使得这项技术得到突破性的进展，许多国内外的专家也根据这个方案提出了改进方法，进一步优化了全同态加密算法。

但是目前提出的全同态加密算法的加密效率都比较低，一般一次仅能加密 1bit 数据，这对于 Web 应用的庞大数据量来说是十分不足的。而且同态加密算法使用重加密操作，使得数据加密的速度也会大大降低，影响系统运行速度。

（2）数据库加密的粒度。

①表级加密粒度。这种粒度的加密方式需要把整个表当作一个整体进行操作，将整个表一起进行加密，所以之后即使只对表中某一个数据进行操作，也需要对整个表进行解密后再进行，这种方式相对而言既耗时又耗内存，一般只在访问极少的特殊情况才使用。

②记录级的加密粒度。记录级的粒度就是将某一条记录当作一个整体，对记录进行整体加密的一种方式，虽然他比表级的加密粒度更加灵活，可以简化对记录的操作，但是如果用户针对某个字段进行搜索等操作，还是需要解密整条记录才能对此字段进行搜索对比，也对系统的运行带来了一定麻烦。

③数据项级的加密粒度。数据项级的加密粒度相比起来使用就十分灵活了，面对应用的各种查询与数据操作都可以尽量少的操作数据，既提高了运行的速度，又增加了系统的灵活性，便于后期数据进行查询与修改。

（3）密钥管理技术。

密钥是指在使用加密算法将明文转换为密文的过程中输入的参数，根据加密算法的不同可分为对称密钥与非对称密钥两种。

对称密钥对应对称加密算法，即加密与解密的过程中使用同一个密钥进行加密与解密，这种加密方式的加密与解密的速度很快，对大量数据进行加密的时候经常使用对称加密算法和对称密钥。

非对称密钥对应非对称加密算法，此时密钥分为公钥与私钥，公钥可以对外进行公开，使用公钥对数据进行加密，私钥由用户自己保管，解密的时候需要使用私钥，这种方式可以有效地解决密钥传输的安全性问题，增加了加密的灵活性，但是加密与解密的速度却下降很多。

密钥管理技术指对密钥生命周期的各个阶段进行管理，包括密钥的生成、密钥的更新、密钥的销毁与密钥的存储等，在密钥的整个生命周期之中密钥的泄漏都会严重威胁到数据库的安全，所以需要对密钥生命周期的每个阶段进行相应管理。

二级密钥管理技术可以有效地保护密钥的安全性。二级密钥管理技术将密钥分为两级，一种为对数据进行加密操作所使用的密钥，称为二级密钥；另一种为对二级密钥进行加密所使用的密钥，称为主密钥，保证任何密钥不会以明文的方式存在于数据库中。

二级密钥管理方法中的二级密钥经过了主密钥的加密，成了密文的形式，可以直接存储在数据库中，此时主密钥就不可以同时存储在一个位置了，为了保护主密钥的安全，他需要单独存储在智能卡中，由专人进行管理，保证即使数据库管理员也无法获得数据库中的密钥信息。

（三）数据库加密算法及对比

1. 保序加密

加密是一种保护敏感数据的成熟技术。然而，一旦加密后，除了精确匹配查询之外，数据再也不能轻易查询。为此，领域中的专家们为数据库数据提出了一种保持顺序的加密方案，即保序加密方案，该方案允许对加密数据直接使用任何比较操作。

（1）无索引结构的保序加密方案。

传统的加密方案可以对用户的隐私数据进行保护，但是这些方案只能提供一些等式查询，导致数据库中的比较查询不能实现。所以，在 2004 年，阿格拉沃尔（Agrawal）等人第一次提出了保序加密的概念，是指从密文能够判断明文的大小顺序。采用这种加密方案来替代传统加密方案能够让数据库中的密文实现比较操作，例如：COUNT、MIN 等。

（2）基于索引结构的保序加密方案。

①部分安全的保序加密方案。在 2002 年，有学者根据分桶的思想提出了首个带有索引结构的范围查询方案。他们把数据的取值空间随机分成了 n 段，每一段就是一个桶并进行标号，这个标号就是一个关键字。使用传统的 AES 等加密算法对每个桶里的数据进行加密，每个数据对应桶的桶号就是数据对应的关键字。后来，霍尔（Hore）等人提出了一种新的桶的分割方案，提高了这种桶索引结构的效率，并折中了安全性和可用性。当执行范围查询时，云服务器首先判断所要查询的空间与哪些桶存在交集；接着，云服务器利用存在交集的桶号来查询。在执行关键字查询时，云服务器不能判断在同一个关键字下密文的大小，所以得到的查询结果可能存在冗余，即查询到的关键字中可能包含了不属于查询范围的数据，这就导致计算和通信上的浪费。后来，Ceselli 等人

提出了一种基于 Hash 索引结构的范围查询方案，把每一个数据都定义成一个关键字，这样就解决了霍尔等人的方案中的冗余问题。但是，随着查询的区间变大、数据增多，该方案就变得不实用。于是，德米亚尼（Damiani）等人又提出了一种 B+ 树的索引结构方案。

②理想安全的保序加密方案。在 2013 年，拉布·波帕（Popa）等人第一次提出了能够达到理想安全性强度的保序加密方案，并给出了安全证明。在他们的安全性分析中，保序加密方案要达到理想安全性的强度，必须要实现可变密文。可变密文即是当密文数据库发生更新，一部分密文也会随之改变。由于密文库能够实现可更新，所以波帕等人给出了一种 same-time OPE（st-OPE）安全，这种安全级别要高于理想安全性。这种安全性要满足敌手只能获取当前数据库存在的数据大小，不能进行比较。他们的方案采用了二叉树或 B 树的数据结构来存储数据，密文的保序索引是数据对应路的编码与 10...0 做级联。通过保序索引，云服务器可以比较数据的大小。在该方案中，树上的每个节点都存在一个计数器来记录数据出现的次数。所以该方案泄漏了明文出现的频率，不能抗统计分析。随后，克斯波姆（Kerschbaum）等人提出了一种新的不可区分安全性的定义：IND-FAOCPA，这个安全性需要达到抗统计分析攻击。并且还提出了一种在 IND-FAOCPA 安全下的基于随机密文的保序加密方案 [32]。

2. 揭序加密

（1）无陷门的揭序加密方案。

在 2015 年，鲍恩（Boneh）等人提出的揭序加密方案中，从函数的加密特性入手，设 F（.，.）是顺序比较的函数，我们拥有该函数的密钥 F sk，并将 1 C 和 2 C 作为密文的输入，接着可以得到输入密文对应的明文大小，且不泄露任何明文的信息。另外，他们的方案可以实现有序选择明文攻击下的不可分辨性（IND-OCPA）。然而，目前的函数加密方案都是基于不可区分混淆来构造的，以分支函数作为构造方案。若要比较 k 个 bit 大小的数据时，需要进行（k/2＋1）次多线性映射计算。因为不可区分混淆的理论还不够完善，并且还会进行大量的多线性映射，因此 Boneh 等人提出的揭序加密方案还处于理论阶段。（2）陷门揭序加密方案。

波尔迪瑞（Boldyreva）等人提出了当密文数量小于明文取值空间的平方根时，若加密方案的安全强度达到 IND-OCPA 就能确保其安全性；但当密文

---

[32] 郭晶晶，苗美霞，王剑锋. 保序加密技术研究与进展 [J]. 密码学报，2018，5（02）：182-195.

数量超过了明文取值空间的平方根时，就无法保证其安全性。因此，玄升敏（Seungmin）等人提出了有陷门的揭序加密方案。其基本思想就是持有密钥能够通过密文得到明文大小信息，而没有密钥就不能实现。

在 2014 年，古川（Furukawa）等人提出了首个具有陷门的揭序加密方案，又叫作比较加密方案，该方案在通过两个密文来比较明文的大小时，用户必须获得一方的标签，而这个标签就是揭序加密方案中的陷门。在文献中，该方案将密文分为了标签 token 和密文 c。其中，token 为比较标签存储在客户端或是临时生成。当客户端进行范围查询的时候，只需将范围查询的端点密文和对应的比较标签上传到云服务器上，服务器比较查询后，返回密文结果，用户解密后得到最终结果。

二、网络信息安全中的数据加密技术

互联网是全球覆盖的，伴随着互联网的产生和广泛传播，计算机网络应用范围获得了极大的推广，运用互联网平台让全球几十亿用户充分享受到其中的便利，也优化了人际沟通。但是，计算机网络安全问题却不容忽视，安全事故频发的问题为人们敲醒了警钟，也让人们认真思考如何运用恰当的技术手段来保障计算机网络安全。数据加密技术就是计算机网络安全的一项重要措施，能够保护个人以及企业的文件信息安全，避免信息被盗取等问题的发生，也让人们的信息保密需求得到了充分满足。为了维护企业的安全发展，保障国家安全，就必须加强对数据加密技术的有效应用，使其更好地为计算机网络安全发展提供助力。

（一）数据加密技术的重要性

现如今，随着科学技术的不断发展，计算机网络在我国的普及范围越来越广，它给人们的日常工作、学习和生活带来了诸多的便利。然而，计算机网络的安全性问题也随之出现，并引起了人们高度的关注和重视，据不完全统计，由于计算机网络的安全性不足，致使个人信息、企业数据泄漏的情况时有发生，并且在最近几年里这种情况呈现出增长的态势，如果不加以控制，则会对计算机网络的发展带来不利的影响。通过研究发现，造成计算机网络信息泄露的主要因素有以下几种。

①非法窃取信息。数据在计算机网络中进行传输时，网关或路由是较为薄弱的节点，黑客通过一些程序能够从该节点处截获传输的数据，若是未对数据进行加密，则会导致其中的信息泄露。

②对信息进行恶意修改。对于在计算机网络上传输的数据信息而言，如果传输前没有采用相关的数据加密技术使数据从明文变成密文，那么一旦这些数据被截获，便可对数据内容进行修改，经过修改之后的数据再传给接收者之后，接收者无法从中读取出原有的信息，由此可能会造成无法预估的后果。

③故意对信息进行破坏。当一些没有获得授权的用户以非法的途径进入用户的系统中后，可对未加密的信息进行破坏，由此会给用户造成严重的影响。为确保计算机网络数据传输的安全性，就必须对重要的数据信息进行加密处理，这样可以使信息安全获得有效保障。

可见，在计算机网络普及的今天，应用数据加密技术对与确保计算机网络的安全显得尤为重要。

（二）数据加密技术的种类

1. 节点加密技术

为数据进行加密的目的实际上是确保网络当中信息传播不受损害，而在数据加密技术的不断发展过程中，此项技术的种类逐步增多，为计算机网络安全的维护工作带来了极大的便利。节点加密技术就是数据加密技术当中的一个常见类型，在目前的网络安全运行方面有着十分广泛的应用，使得信息数据的传播工作变得更加便利，同时数据传递的质量和成效也得到了安全保障。

节点加密技术属于计算机网络安全当中的基础技术类型，让各项网络信息的传递打下了坚实的安全根基，最为突出的应用优势是成本低，能够让资金存在一定限制的使用者享受到资金方面的便利性。但是，节点加密技术在应用中也有缺点，那就是传输数据过程当中有数据丢失等问题的产生，所以在今后的技术发展当中还要对此项技术进行不断的优化和完善，消除技术漏洞，解决数据丢失类的问题。

2. 链路加密技术

链路加密技术发挥作用的方法是加密节点中的链路进而有效完成数据加密的操作。这项加密技术在计算机网络安全当中同样有着广泛的应用，该技术应用当中显现出的突出优势，主要表现在能够在加密节点的同时，还能够对网络信息数据展开二次加密处理。这样就建立起了双重保障，让网络信息数据在传播方面更具安全保障，也确保了数据的完整性。

我们在看到链路加密技术的突出优势的同时，也要看到它的不足。处在不同加密阶段，运用的密钥也有所差异，因此在解密数据的过程当中必须要应用到差异化的密钥来完成解密，在解密完成之后才能够让人们阅读的完整准确的数据信息。而这样的一系列操作过程会让数据解密工作变得更加的复杂，提高了工作量，让数据传递的效率受到严重的影响。

3. 端到端加密技术

这项加密技术是数据加密技术当中极具代表性的一项技术类型，也是目前应用相当广泛的技术，其优势是较为明显的。端到端加密技术指的是从数据传输开始一直到结束都实现均匀加密，这样各项数据信息的安全度大大提升，也有效避免了病毒、黑客等的攻击。从对这一加密技术的概念确定上就可以看到，端到端的加密技术比链路加密技术要更加的完善，加密程度也有了较大提高。端到端加密技术的成本不高，但是发挥的加密效果是相当突出的，可以说有着极大的性价比，因而在目前的计算机网络安全当中应用十分广泛，为人们维护数据信息安全创造了有利条件。

（三）数据加密技术的应用价值

在用户使用计算机前经过系统的身份认证才可以浏览各项数据信息的技术被称为数据签名信息认证技术。数据信息认证技术的应用能够有效防止未经授权的用户浏览和传输系统中的重要信息，极大增强了计算机数据信息的保密性。数据签名信息认证技术主要分为口令认证和数字认证两种，口令认证的操作流程比较简单，投入的成本也比较少，因而得到的应用较为广泛；数字认证具有较高的复杂性，因其是对数据传输进行加密所以其安全性要更高一些。

1. 链路数据加密技术的应用价值

链路数据加密技术指的是详细划分数据信息传输路线进行针对性的加密处理，采用密文方式进行数据传输的技术。链路数据加密技术在现实中的应用也比较广泛，它能有效防止黑客入侵窃取信息，极大增强计算机系统的防护能力。而且，链路数据加密技术还能起到填充数据信息以及改造传输路径长度的重要作用。

2. 节点数据加密技术的应用价值

阶段数据加密技术强化计算机网络安全的功能需要利用加密数据传输线路，虽然可以为信息传输提供安全保障，但是其不足之处也是比较明显的，信息接收者只能通过特点加密方式来获取信息，这比较容易受到外部环境的影响，导致信息数据传输的安全风险依然存在。

3. 端端数据加密技术的应用价值

端端数据加密技术能极大增强数据信息的独立性，某一条传输线路出现了问题并不会影响其他线路的正常运行，从而保持计算机网络系统数据传输的完整性，有效减少了系统的投入成本。

第二节　大数据时代的网络信息安全问题

一、大数据时代与计算机网络安全分析

（一）大数据时代分析

近年来在计算机、网络技术快速发展、深入应用的过程中，全球化程度开始深入，信息化水平也逐步提高，数据开始渗透到各行各业中，相关的互联网技术领域、移动信息技术行业开始快速发展，这也揭示了全球范围之内的大数据时代已经到来。大数据利用在诸多领域、诸多行业中的合理运用，全面感知相关的数据信息，对其进行保存与共享，构建出全新的数字经济环境，在这个环境背景下可以利用客观事实的研究、大数据的综合参考，制定完善的战略方案与决策方案，形成技术层面的发展优势，促使社会的良好改革进步。

（二）计算机网络安全分析

随着我国大数据时代的快速发展，计算机网络的信息安全问题、数据安全问题成为广泛关注的问题，只有全面整合、集合多种信息技术，才能确保计算机网络的安全性，提供信息安全保障。

与此同时，要想确保大数据时代环境中计算机网络系统的安全运行，还需要创建完善的安全防护体系、安全管理机制，预防不同安全隐患问题，适应安全信息防护的发展，寻找更多的计算机网络安全防护手段和措施。

二、大数据时代计算机网络信息安全隐患问题分析

在大数据时代环境中，存在着大量计算机网络信息方面的安全隐患问题，主要的安全隐患表现为以下几点。

（一）系统漏洞黑客攻击的安全隐患

当前人们在生活与工作的过程中已经开始广泛应用计算机网络技术，为人们提供了一定的便利，尤其在大数据时代下，使用计算机网络能够全面进行数据信息的收集、整合与处理，有着重要的地位。但是，部分计算机网络信息系统本身存在一定的漏洞，黑客入侵的概率会明显增加，病毒与木马也可能会通过系统的漏洞进入计算机，盗取、篡改系统中的各种数据信息。

与此同时，病毒入侵还可能会删除计算机中的数据信息，导致用户面临一定的损失，如果不能及时进行病毒、木马入侵的监测和防控，将会导致硬件设备受到损害。

（二）用户缺少正确的安全意识

大数据时代下部分用户在计算机网络系统操作与管理的过程中缺乏正确的安全观念，这也是导致数据信息被盗取、被篡改的主要原因，例如，某些用户在登录社交账号期间设置简单的密码，黑客破解的难度也会随之降低，在黑客进入之后会利用账号进行社交媒体的登录，获取到用户的个人隐私与系统中的数据信息，造成较为严重的安全隐患威胁。

（三）缺乏完善的信息安全管理系统

对于信息安全管理系统来讲，属于大数据时代背景之下的计算机网络信息安全管控、维护的基础部分，可以明确计算机信息在大数据时代中的安全发展与管理方向，明确信息安全的管理要求与标准，是保证所有信息安全性的主要载体。

但是，目前部分计算机网络信息安全管理方面尚未创建较为完善、良好的信息安全管理系统，没有合理设定网络信息安全防护的级别，缺少责任管理机制和信息安全管理体系，不能按照信息安全管控要求编制完善的规划方案，难以起到维护信息安全的良好作用，不利于有关数据信息安全的严格管理与控制。

（四）自然因素所引发的安全问题

计算机设备主要是以软件系统及硬件设备组成，在电力能源的供给下令营建系统与软件形成有效驱动，以此来保证设备在网络体系下可精准传输数据。一旦计算机设备外部环境出现损坏问题，则必然造成设备无法运转，例如雷电所引发的电路击穿问题、地震水灾所造成的外部环境损害问题等，都将造成计算机硬件设备无法正常运行，导致物理存储器内的数据信息丢失，进而增加计算机网络安全运行压力。

（五）操作不当所引发的安全问题

计算机设备属于一个指令执行系统，其需要通过下达相应指令，然后以内部程序为基准进行自动化运转，以此来满足用户的操作需求。然而受用户实际操作行为以及主观意识层面的差异影响，在进行实际操作时，如果自身操作行为并未能按照计算机设备相应的规范基准来执行，这必然造成设备本身的运行状态，无法达到一个安全基准。特别是对于部分安全意识操作能力匮乏的用户来讲，其在进行指令下达时，并未能针对系统所提示的相关程序进行操作，进而引发出多种计算机设备问题。

例如，防火墙软件在对存在安全风险的信息进行拦截时，将跳出相应界面，令用户熟悉当前操作的异常行为，如果用户点击继续访问，则极易造成设备在运行过程中受到外部攻击，进而加大计算机网络安全风险的产生概率。

（六）黑客攻击所引发的安全问题

黑客攻击是不法分子通过网络入侵来对用户信息进行窃取的一种行为，其对网络所造成的安全影响范围最广。从攻击手段而言，黑客攻击一般分为两种：第一，主动攻击，其具有一定的针对性，通常需对用户进行目标确定，然后依托于内部数据信息传输机制来进行信息系列的破坏，这样便可有效改变前用户网络运行机制，进而实现数据信息的窃取。第二，被动攻击。此类攻击形式主要是网络内的数据信息进行传输路径层面的破解，其不会对当前网络环境造成破坏。目前多数黑客攻击手段是以 IP 地址复制，数据劫持或者是信息传输路径上的窃听为主。

（七）病毒所引发的安全问题

计算机网络中的病毒具有传染性强、覆盖面广、针对性高、隐蔽性高的特点，一旦计算机设备受到病毒侵袭，用户数据信息以及各类操作行为将面临监听的风险。特别是在当前互联网环境下，大数据信息的高效率、高容量传输，将加大网络本身的防护查证需求，如果计算机设备未能针对当前用户所浏览的信息进行有效甄别，极易引起病毒感染，令整个计算机设备面临瘫痪问题。

此外，在计算机技术的不断更新下，病毒种类也在不断变化，其所产生的破坏程度将全面覆盖用户的日常操作中，这就是为病毒防护软件，提出更高的杀毒能力，才可为用户建构一个安全的网络环境。

第三节 计算机网络信息安全及防护策略

一、建立信息安全管理机制

（一）信息安全技术管理机制

信息安全技术管理机制是核心内容，为网络信息资源长期保存中信息安全性的维护提供有力的技术支撑。主要包括系统、数据、网络、运行环境等方面的安全。

1. 系统安全

系统安全包含网络信息资源长期保存操作系统、软件系统和数据库等方面。研发出我国专有的网络信息资源长期保存系统，专用和公用信息系统要区分开，使用不同服务器，专用服务器仅提供专用服务，并运用数字仓储技术对网络信息资源的内容进行存储管理。

网络信息资源保存所采用的数据库应具备自主访问控制、验证、授权及审计功能，如进行严格的账户管理和权限划分，对使用注册的用户需采用实名制认证方式，统一管理网络身份，绑定入网终端相关信息。使用身份验证技术明确信息往来者之间的使用身份，每次用户访问资源时，都会验证该用户是否拥有合法的访问权限，审核使用者访问权限，用户需在合法权限的范围内，对相应资源进行访问。在长期保存系统对网络信息资源进行存储时，应利用鉴别码甄别信息资源，有助于提高信息完整性和可靠程度。

除此之外，在保存系统运行过程中，要开发防病毒技术在信息导入涉密网络和计算机前，对其进行病毒、木马和恶意代码查杀。网络信息资源长期保存系统要及时发布相关预警信息，定期更新各种杀毒软件，在全网范围内展开查杀行动，做到及时发现并清除隐患。

2. 数据安全

数据安全包括元数据、用户数据、系统运行日志和数据传输等方面。

（1）元数据方面。

利用核心技术保障元数据安全，实现多个备份，如掉电保护技术、磨损均衡等技术。

（2）用户数据方面。

应建立上网行为管理系统，记录所有上网用户在访问数据库时的行为，对用户上网行为起到规范作用。由于该系统将会记录大量涉及用户个人隐私的信息，要对该系统的查看实施严格的管理措施，设置严格的系统访问权限。记录用户的上网行为的同时，要对用户访问记录进行管理与分析，是否有越权获取、非法获取信息资源的行为，制定异常用户的处理办法，对存在非正常访问行为的用户实施相关处理，情节严重者应取消其访问资格，对涉嫌网络犯罪的行为实行实名举报，并交由公安机关依法处理。

（3）系统运行日志方面。

工作人员应实时监测相关设备、系统运行状况，填写系统运行日志，采取不定期检查方式，对安全隐患做到及时发现和清除。按期组织网络安全行为审计，对审计记录进行监测和剖析，采取相应措施对可疑行为和违规操作施以惩处。根据实际工作情况规定审计日志的保留天数以及审计评估报告撰写频率。建立严格的系统日志管理制度，对重要数据库和应用系统的数据信息，相关网络核心安全设备的配置文件等信息进行定期备份。

（4）数据传输方面。

为确保数据在传输过程中的完整性和机密性，需对远程接入用户采用安全VPN 系统。VPN 系统可同时运用加密技术、验证技术、数据确认技术，可以轻易地在不同外网节点或网址之间建立安全隧道，从而能够在公用通信线路上提供安全数据传输链接。

3. 网络安全

网络安全主要在保存网络信息资源的全网范围内，安装信息安全管理与防护系统与防病毒系统。网络防火墙技术是实现网络信息资源安全管理的基础，应该在各个网络相连的边界配置防火墙设备，并且根据安全需求实施安全策略控制。采用入侵检测技术识别网络系统外部和内部的恶意访问现象，发现并报告系统中未授权或异常现象，阻止入侵活动。一旦发现违反安全策略行为的入侵活动，及时做出反应，并根据真实情况填写审计记录，保证计算机系统的安全。

在相应的网络环境下，需要对网络进行审计。利用各种技术方法实时收集网络环境中各个部分的系统运行状态和安全事件等数据，方便集中预警、分析和处理。使其免受外网恶意攻击和内网越权行为带来的破坏。补丁分发主要是网络信息资源长期保存系统要定期更新各类漏洞补丁库，及时下发相关系统应用软件补丁，保证其不存在高风险安全漏洞。

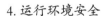

4.运行环境安全

运行环境安全主要包括网络信息资源长期保存系统在运行中的物理环境和设备安全。物理环境主要是指物理硬件所处的环境。对物理环境的安全管理，需要考虑各种自然灾害和人为因素的影响，提高物理环境的抗灾害能力，保护硬件设备不被破坏。当物理设备面临地震、火灾和洪水等自然灾害时，采用数据迁移技术和异地备份等保护措施，确保物理设备在遭受自然灾害后可以迅速恢复数据和运转。

对拷贝存储设备实行从严管控措施，实现专盘专用。将网络运行环境中的电磁辐射控制在国家要求的范围之内，对机房等机密场所使用严密戒备措施。采用信息加密技术，可以使接收方得到的数据是真实完整的。部分数据即使遭到非法窃听者截获，他们也无法对这些信息进行正确解读。根据实际需求，应配备和购买符合国家信息安全认证标准的网络安全检测系统或设备。

由于保存技术日新月异，网络信息资源的存储介质、格式也在不停地更新，如果信息存储机构不能依据技术的发展实时将已存储的网络信息资源进行转移、迁移，就有可能造成存储介质和格式过时。因此，网络信息存储机构必须要根据各种网络信息资源的生命周期，按期对其实行迁移或转移，以实现对其的长期可读性。

（二）信息安全组织管理机制

信息安全组织管理机制的作用是全面制定网络信息资源长期保存中各个网络系统的安全规划以及针对网站的安全管理策略和措施、协调内部各部门的网站安全管理事项。主要包括信息安全管理制度、信息安全人事管理、信息安全责任制度等方面。

1.信息安全管理制度

制定长久保存制度，是网络信息资源长期保存安全管理工作开展的保证。首先，必须明确该项工作的安全目标，在信息生命周期内对其进行完整的采集和存储。为了确保信息的有效性、全面性和可读性，在长期保存过程中，不仅需要保存信息本身，还要保存信息的格式和来源。

同时，网络信息资源的动态性，使其不具备独立存在性，往往通过链接等方式与其他信息连接起来，这种将各个信息联系起来的方式也是网络信息的灵魂所在，因此，在管理制度中，要体现对信息联系特征的存储。还要将网络信息资源的长期保存过程作为一项日常的工作加以维护，该项工作不仅在于信息的收集、加工，更重要的在于信息的长期保存，应制定相应的政策解决如何保存和对保存的信息质量加以监督。

其次，明确信息保存原则，保存级别和不同存储对象的保存格式。网络信息资源包含公开信息和敏感信息，其中敏感信息的程度也不一样，需要对其进行分级控制。信息资源的创立者或者是信息所有者可利用信息分级的方法将公开信息和敏感信息区分开来，确定敏感信息的敏感等级，明确网络信息的保护要求，细致划分网络信息资源的控制优先权和保护等级，如绝密、机密、秘密、一般等，对相应级别的信息给予适当的保护。而且，不同级别的网络信息资源在其整个生命周期中涉及的各个环节及保存格式也需要被区别对待。

第三，在网络信息资源长期保存中，需要经过管理层批准制定文件化的信息安全管理制度，其目的是向所有工作人员宣读贯彻，切实有效的保证信息安全，提高信息系统服务能力。该管理制度应涵盖网络系统安全方面、工作人员方面、用户方面及信息管理方面等。其中网络系统安全管理制度包含对计算机软硬件设备、机房等方面的安全管理。工作人员管理制度包含对岗位、操作权限等方面的安全管理内容。用户管理制度包含用户权限、用户投诉举报处理等。信息管理制度包含审核信息发布过程，查验发布者是否具有合法资质，巡查公共信息，规范资源下载行为等多方面管理内容。

第四，针对各种类型的计算机网络犯罪，制订严格的行为规范，形成相应的监察与防范体系，可以直接约束社会成员的信息活动。监控网络信息安全方面相关技术、产品的授权审批活动，针对其中所涉及的安全与保密问题，制定相应规定，形成一套集审批、监控、保密为一体的网络信息内容安全体系。

2. 信息安全人事管理

人是信息系统使用和管理的主体，人事安全的管理至关重要。在人员招聘方面，根据网络信息资源安全管理的岗位要求，制定完善的人员选拔标准，职位申请人需提供工作推荐表，检查申请人履历表是否完整和准确，确认申请人的学历或专业资格，查验申请人的身份信息等。通过选拔的申请人需签订保密协议，制定录用条款在试用期间考察申请人是否达到最终录用要求。与正式录用的人员，签订明确的保密协议，不仅要让他们了解遵守该协议是义不容辞的责任和义务。而且还应告知他们，如果违反信息保密协议，存在故意攻击和破坏单位信息安全等行为，将会有严重的后果，情节恶劣的要受到法律的制裁。合理划分各个岗位的操作权限，按照级别和重要程度，分配符合岗位要求的人员胜任，实现人力资源的有效配置。各岗位之间通力合作，有利于提高信息安全工作效率，保障网络畅通。

对从事安全管理和掌握涉密信息的人员进行人事审查与录用，认定其涉密岗位与责任范围，并评价其工作效果，对相关人员的提升、调动、任免与基础培训等采取人事档案管理措施，为安全人事管理提供数据支持。网络信息资源在长期保存中，负责信息安全的工作人员是信息管理和传递的重要载体，人员变动可能会给信息安全带来影响。把控人员容易产生变更的一些重要节点，制定明确的交接审批流程并妥善保留记录，可以有效降低其对网络信息安全的影响。

比如，员工内部职责需要变动时，要求做好交接工作，采取填写交接单、删除其原有岗位账号等措施。员工离职时，同样需要填写离职交接单，归还办公用品，清除相关数据。

3. 信息安全责任制度

制定和落实安全责任制度，责任范围应涉及系统运行维护、计算机处理控制、文档材料、操作和职员管理等多个管理方面。并针对这些方面制定详细的管理制度。除此之外，还应对网络信息系统的检查监督、安全管理、病毒防治等方面进行详细规定，采取严密的安全等级保护措施。

强化和落实责任制，将信息安全责任落实到每一个员工身上，保证职工在规定的权限范围内进行工作，并承担相应的操作责任，明确各个职位的责任，各部门之间互相协作、互相监督。

同时要对信息进行监控，谨防工作人员有心或无意的信息泄露。明确职责分工的同时，还要加强监督考查，建立严格的考核制度和赏罚机制，确保制度的贯彻落实。

（三）信息安全风险管理机制

信息安全风险管理是识别、分析和应对风险的过程。对风险发生可能带来的危害进行评估。尽力将安全事件带来的影响掌握在可以承受的范围之内。主要包括风险测评、安全事件与应急响应、信息安全培训等方面内容。

1. 风险测评

风险评估有助于确认信息安全需求，网络信息资源长期保存系统要具备对风险的识别与评估能力，对网络信息资源所面临的各种威胁、弱点等带来风险的可能性进行识别评估，要确定哪些信息需要保护，并预测这些信息资源将要面临的各种威胁，评估风险发生的概率及可能会带来的不良后果，确定长期保存系统能够承受风险的能力。针对各种可能遇到的风险，确定其消减和控制的优先等级，制定风险消减对策，采取风险应急措施，将风险所带来的影响程度控制在最低。

工作人员需针对实际评估情况，采用风险回避、损失控制、风险转移、风险保留等措施，将风险事件产生的概率及其可能带来的危害驾驭在一定范围之内，防止造成难以承担的损失。

2. 安全事件与应急响应

做好安全事件的监测、报告和应急处置等工作，并制定相应制度，保证及时有效和有序地响应安全事件。安全事件多以危害网络信息系统安全的异常情况、突发公共事件和违法有害信息的侵入为表现。

首先，根据网络资源长期保存的特性，对安全事件进行分类和定义，针对不同的安全事件制定相应的应急处置预案，报备至当地公安机关，举行定期应急演练。网络信息资源长期保存机构安全事件一旦发生，就必须快速报告安全事件，安全隐患和软件故障，及时响应并妥善处理，否则将会造成更加严重的后果。建立保存系统以及门户网站安全事件的应急响应机制，清晰定义什么是安全事件，使大家对其形成一致的认知。

其次，对网络安全事件的严重程度进行分级，并建立相应处置机制。当突发公共事件发生后，对不同级别的事件汇报途径、升级时间和处理要求进行定义，投入相应的人力与技术措施开展处置工作。且在事件妥善处理后总结事件教训，积累经验，分析问题原因，根据岗位职责制度追究相关人员的责任，情节严重的可予以相应处罚，提高工作人员的警惕意识。

3. 信息安全培训

信息安全培训主要包括专业和非专业两种方式。非专业培训主要针对企业中的部分员工、学生及用户等社会大众，针对这类人群的信息安全教育比较简单和实用，不需要太专业性的知识。通过宣传报、开办讲座等多种信息安全教育宣传方式，把基本的信息安全知识和自我防范技术普及给社会大众，提高其信息安全意识，争取使每一个人都能够在访问网络或使用网络信息资源时，对信息安全有一个清晰的认识，并以正确规范的行为进行操作。开启用户服务反馈平台，对用户反映的问题进行及时的检查及修正，深入开展技术指导，引导用户进行正确合法的操作，积极组织针对入网用户的防护知识教育和技能培训，为用户普及信息安全知识，与用户签订保密协议。

专业培训主要针对从事信息安全工作的相关管理、技术人员，不仅要在培训中详细讲解网络信息安全的基本知识，还要把网络信息系统的操作技能、安全防范技能等作为培训的重点，目的是通过对各级别工作人员的严格要求，提升全员信息安全意识和组织机构安全管理能力。相关领域的信息安全管理人员、信息服务人员应熟练掌握岗位所必需的信息安全知识和技术技能等。

（四）信息安全保障管理机制

信息安全保障管理的目的是在网络信息资源长期保存工作的整个生命周期中，综合技术、组织、风险等要素，制定并执行相应的安全保障策略，从法律法规、安全标准、资金和人员等方面提出安全保障要求，在整体上确保网络信息资源的各项安全属性，并通过作用于其他三个方面来实现信息安全管理机制在长期保存中的不断完善。

1. 信息安全法律法规

法律法规对网络信息资源长期保存中的信息安全起到保障作用。通过制定法律法规，使信息安全管理机制标准化，规范信息安全管理行为，并推动网络信息资源长期保存中信息安全管理机制合法合理化的发展。网络信息资源长期保存及其信息安全管理涉及众多的法律问题，对于这些法律问题不可小觑，稍不注意就会危及全局。

目前，主要涉及版权、安全、隐私等法律问题。针对这些法律问题，我国应加强知识产权法、信息安全公开法及新闻出版与传播法等法律法规的完善与立法工作，将网络信息资源长期保存列入众多法律法规当中，为其信息安全管理提供强有力的法律支撑。通过国家制定信息安全法律规范和制度，利用法律的手段来震慑不法分子，减少网络犯罪，保证网络信息资源的安全。

（1）知识产权法。

知识产权保护是网络信息资源长期保存面临的一个重要问题，网络信息资源长期保存的工作应当在充分保护知识产权的条件下进行，处理好知识产权问题，是网络信息资源长期保存的工作顺利进行的前提之一。

知识产权法主要包含著作权法、商标法、专利法等。由于网络信息资源及软件本身涉及了版权、专利技术使用、许可协议、采购合同等法律问题，以及各存储机构在网络信息资源的长期保存权和使用权问题上，容易产生纠纷。

因此，要针对该项工作修改相应的知识产权法，实行并完善呈缴制度和《著作权法》。提高对网络文献隐私权的关注度，建立专门保护用户隐私的法规制度，还应重视运用行业自律方式解决用户隐私保护问题。

（2）信息安全法。

信息安全法的目的是维护信息安全，预防信息犯罪。在大数据和"互联网＋"环境下，网络信息安全面临着多方的威胁和挑战，网络信息资源长期保存的安全问题尤其引人关注。

随着网络信息技术的发展，黑客对计算机病毒等的研究也在加强，网络攻击方式及种类通常会超出人们的预料，防不胜防。有些行为可能还没有被列入到犯罪行列之中，不法分子就会钻法律的空子，对网络信息进行非法获取和攻击。

因此，信息安全法也应根据网络环境的变化，及时修改相关法律，运用刑罚手段对网络入侵、制作和传播计算机病毒、木马等以及恶意攻击计算机信息存储系统和程序、数据等破坏网络信息安全的行为予以处罚。制订国家层面的网络信息预警与反击体系等。网络信息资源长期保存机构的法规制定部门可以在国家法律法规总体要求下，根据各自情况，结合该项工作发展的实际信息安全需求，制定相应的管理办法和具体实施步骤，做到有章可循。

（3）信息公开法。

网络信息资源长期保存也是为了有效促进资源共享。由于网络信息资源种类繁多，其中有可以公开的信息，也有涉及隐私的非公开信息。网络信息资源保存机构应依据信息公开法，明确规定公开网页和信息的内容，并且在网络信息资源公开与传播的过程中要严格遵守信息公开法的规定。

（4）新闻出版与传播法。

完善针对网络信息资源长期保存问题的新闻出版与传播法，对热点新闻、史实事件、图片、视频等网络信息资源的发布和出版进行规范，对非法的、消极的信息传播行为要进行及时有效的纠正，保证所保存的网络信息资源的真实性和可用性，将负面影响降到最低程度，在网络信息资源长期保存的信息安全管理领域建立起公正、有序的信息传播法律秩序。

2. 信息安全标准

网络信息资源的长期保存工作需要建立统一的标准。各信息保存机构只有在统一的保存标准的引导下，才能共同促进此项工作地发展，有利于不同机构间信息资源的协作与共享，加快该项工作的建设进程。配合国家相关主管部门关于等级保护、网络安全审查等网络安全保障的一些工作需要，以安全管理水平和能力的提升为起点，探讨并制定相关的指南和安全管理标准。如网络信息资源的安全保存标准应涉及元数据、内容格式、数据输入和输出等方面。该领域在服务方面的安全标准应包括各种服务评价、服务管理规范、服务分类等内容的研究与制定。

3. 信息安全资金支持

网络信息资源的长期保存需要持续的经费支持作为保障，无论是基础设施建设还是相关专业人才的培养，都离不开资金的投入。当经费不足或者停滞时同样会对信息安全管理工作造成威胁，没有足够的经费硬件设备得不到及时的维护，软件系统得不到更新等都会成为潜在的安全隐患。充足的经费可以为网络信息资源长期保存工作提供持久发展的动力，不仅是中国国家图书馆为代表的机构需要加大投入，仍然缺乏社会的参与，应该吸引一些商业机构的投资。

我国在网络信息资源长期保存中应建立一套可持续的资金支持体系，发挥政府主导作用的同时，鼓励社会机构自筹资金的方式给予辅助。政府应制定一些政策鼓励全社会参与到网络信息资源长期保存的活动中来，调动社会上各个方面的力量，吸引社会资金的投入，在资金应用上应该公开透明，建立相关的法律法规来保障资金的合法合理应用。并建立相应的小组来监督资金的投入和应用。

4. 信息安全人才配置

人才是保障网络信息资源长期保存信息安全的重要基础和关键资本，实现人才的合理分配，才能更好地实现其他环节的操作。长期保存机构需对人才实现合理配置，推出优待政策鼓励信息安全人才的加入。在岗位设置方面，增添专门网络安全保密管理岗位，并安排熟悉相关政策法规，具备扎实理论基础和专业技能，能够认真尽职履责的专业人员胜任，规范工作人员行使权力的行为。明确工作人员的责任分工，实行授权最小化，防止机构内部威胁。安排专人监控网络信息动态，并设置管理权限。一方面与高校、研究所等科研单位合作，培养一批信息安全专业人才，事先确定培养方案，其中包括具体的教学内容和课程。同时指导高校为学生提供与实际需求相关的能力训练，实现理论和实践相结合的教学模式，以提高专业人才在信息安全法律方面、相关软件开发与应用方面、设备安全管理方面的能力。另一方面对工作人员进行业务和专业技能培训，定期考核，培养一支拥有高素质高水平的信息安全专业人才队伍。

二、提高网络信息风险意识

风险意识就是个体对于风险的认识程度，学习科学的风险文化，提升社会对风险的认识水平，是维持社会健康持续发展的重要基石。在思想层面上，要用科学的知识了解风险。认识到风险现象的普遍性，我们会在网络安全事件面前沉着冷静，有条不紊。

（一）加强通识教育

1. 增强应对能力

自身是网络信息的第一个防火墙，网络信息技术的持续稳定发展离不开网络使用者网络信息安全应对能力的增强。因此，唯有切实增强使用者维护信息安全的专业知识和应对能力，构筑坚实的"防火墙"，才会有条不紊地处理好信息安全事件。公众要广泛了解信息安全事件的攻击形式，学会重要的信息安全应对措施，比如经常清理 Cookies、软件设密功能，禁止不明链接访问等，利用先进的互联网技术保护网络信息的安全。定期进行杀毒，对安全防护软件进行升级，减少网络病毒和黑客的攻击概率。了解新型的网络病毒攻击形式，掌握必要的操作技能，在自身移动设备出现漏洞和攻击时，能进行应急性的修复处理。

2. 加强网络安全教育活动

教育部门是教育的主要阵地，社会各界尤其是学校更要将风险意识教育活动作为一种常态化工作推进。将网络安全教育纳入学校课程体系，增强学生的安全意识和网络安全操作技能。经常组织相关专家和学者开展网络信息安全知识讲座，了解最新的网络信息泄露形式和网络信息安全侵权事件，提高学生抵御网络信息安全风险的水平。组织网络信息安全技能大赛，增强风险安全意识和技能。

（二）建立宣传机制

1. 大众传媒要承担社会责任

随着风险社会中公众媒体的作用不断提高，媒体可以监测风险、告知风险和化解风险，也可能放大风险、转嫁风险甚至制造风险。媒体要摆脱"媒体失语"和"媒体迷失"的困境，及时报道网络信息安全事件，秉持公正客观的媒体责任，客观真实的报道相关事件，同时也要树立社会责任意识，对网络信息安全的预防技术和知识进行报道，真正担负起明辨是非的责任。

2. 形成长效的网络安全宣传机制

宣传是一个长期的系统工程，需要贯彻到日常的宣传工作中。宣传部等相关部门需要制定长期宣传方案，加强对网络信息安全知识的宣传。要创新网络

安全周的宣传活动，丰富活动形式，吸引更多的社会公众参与到网络信息安全的宣传活动中来，真正达到活动的效果，提高公众的风险意识。在加大宣传的同时，相关部门也要加大对网络信息安全的打击力度，对于散步网络不实言论、歪曲事件的公众和媒体进行有效治理，净化网络生态，形成清朗的网络生态环境。

第七章 网络信息安全评价与监管

如今，计算机已经成为人们生活中不可或缺的一部分，在现代化社会中扮演的角色越来越重要，一定程度上不仅满足了人们对科技发展的要求，还有效促进了我国经济的发展和社会的进步。但是，一些不法分子利用计算机网络系统入侵用户计算机，不仅危害用户个人隐私，甚至危害国家安全。因此，计算机网络信息安全评价与监管成为人们亟待解决的问题。本章分为网络信息安全评价和网络信息安全监管两部分。主要内容包括：网络信息安全评价方法、网络信息安全评价指标体系构建、网络信息安全监管机制建议、网络信息安全监管政策建议等方面。

第一节 网络信息安全评价

一、网络信息安全评价方法

（一）定量分析方法

定量的分析方法是指运用数量指标对风险进行评估，典型的定量分析方法有因子分析法、聚类分析法、时序模型、回归模型、决策数法等。定量分析方法的优点是用直观的数据来表述评估的结果，看起来一目了然，而且比较客观，但也容易简单化、模糊化，会造成误解和曲解。而且由于数据统计缺乏长期性，计算过程又容易出错，所以定量分析的细化非常困难，所以目前完全只用定量分析方法已经很少见到。

（二）定性分析方法

定性分析方法主要依据研究者的知识、经验、历史教训、政策走向及特殊变量等非量化资料对系统风险状况做出判断的过程。它主要以与调查对象的深入访谈做出个案记录为基本资料，然后通过一个理论推倒演绎的分析框架，对资料进行编码整理，在此基础上做出调查结论。典型的定性分析方法有因素分析法、逻辑分析法、历史比较法、德尔菲法、矩阵法等。定性分析方法的优点是避免了定量分析方法的缺点，可以挖掘出一些蕴藏很深的思想，使评估的结论更全面深刻，但它的缺点也显而易见：主观性强，对评估者要求很高[33]。

二、网络信息安全评价指标体系构建

（一）网络信息安全评价的可行性

网络信息安全是一个相对的、模糊的概念。具体说，什么样的网络才是安全的，安全到什么程度算是安全，当然我们可以依据标准去评价，但这些标准都是一个纲领性宏观标准，在具体评价某网络的安全程度时，"安全"和"不安全"之间的标准是什么，恐怕很难在这两者之间划出一个准确的界线。实际中某种安全状况，假如说是安全的，但也可能说是不安全的，这里就出现了同一种状态却有两种不同的结果，可见"安全"和"不安全"就具有很大的模糊性。其次，评价一个网络系统是否安全需要考虑多种因素。如网络运行的外部环境、服务器运行状况、网络传输情况、安全技术手段、组织管理制度等，总之有许多因素制约着网络的安全程度。但这些因素对信息安全的影响到底程度有多大，哪些因素相对又比较重要，这些又是一个难以准确描述的问题，具有模糊性。而且很多因素出现问题而导致信息安全受到威胁又是偶然和随机的[34]。

（二）网络信息安全评价指标体系的建立

1. 网络通信安全评价指标

（1）加密措施。

数据加密技术是保护传输数据免受外部窃听的最好办法，其可以将数据变只有授权接收者才能还原并阅读的编码。其过程就是取得原始信息并用发送者和接收者都知道的一种特殊信息来制作编码信息形成密文[35]。

（2）重要通信线路及通信控制装置备份。

重要的通信线双重化以及线路故障时采用 DND 通信线或电话线工 SND 等后

---

[33]　李鑫，李京春，郑雪峰，张友春，王少杰．一种基于层次分析法的信息系统漏洞量化评估方法 [J]．计算机科学，2012，39（07）：58-63.
[34]　吴晓刚．计算机网络技术与网络安全 [M]．北京：光明日报出版社，2016.
[35]　沈美莉，陈孟建．电子商务网站建设与管理 [M]．北京：清华大学出版社，2004.

142

备功能；从计算中心连出的重要通信线路应采用不同路径备份方式。

（3）系统运行状态下安全审计跟踪措施。

安全审计是模拟社会检察机构在计算机系统中监视、记录和控制用户活动的一种机制。它使影响系统安全的访问和访问企图留下线索，以便事后分析和追查，其目标是检测和判定对系统的恶意攻击和误操作，对用户的非法活动起到威慑作用，为系统提供进一步的安全可靠性。

（4）网络与信息系统访问控制措施。

访问控制措施：指能根据工作性质和级别高低，划分系统用户的访问权限，对用户进行分组管理，并且应该是针对安全性问题而考虑的分组，也就是说，应该根据不同的安全级别将用户分为若干等级，每一等级的用户只能访问与其等级相应的系统资源和数据。

2. 安全制度评价指标

（1）专门的信息安全组织机构和专职的信息安全人员。

信息安全组织机构的成立与信息安全人员的任命必须有有关单位的正式文件。

（2）规章制度。

①有无健全的信息安全管理的规章制度。是否有健全的规章制度，而且规章制度上墙；是否严格执行各项规章制度和操作规程，有无违章操作的情况；是否信息安全人员的配备，调离有严格的管理制度。

②设备与数据管理制度完备。设备实行包干管理负责制，每台设备都应有专人负责保管；在使用设备前，应掌握操作规程，阅读有关手册，经培训合格后方可进行相关操作；禁止在计算机上运行与业务无关的程序，未经批准，不得变更操作系统和网络设置，不得任意加装设备。

（3）紧急事故处理预案。

为减少计算机系统故障的影响，尽快恢复系统，应制定故障的应急措施和恢复规程以及自然灾害时的措施，制成手册，以备参考。

3. 安全技术措施评价指标

（1）系统安全审计功能。

安全审计功能主要是监控来自网络内部和外部的用户活动，侦察系统中存在的现有和潜在的威胁，对与安全有关的活动的相关信息进行识别、记录、存储和分析安全审计系统往往对突发事件进行报警和响应。

（2）系统操作日志。

系统操作日志：指每天开、关机，设备运行状况等文字记录。

（3）服务器备份措施。

服务器数据备份是预防灾难的必要手段。随着对网络应用的依赖性越来越强和网络数据量的日益增加，企业对数据备份的要求也在不断提高。许多数据密集型的网络，重要数据往往存储在多个网络节点上，除了对中心服务器备份之外，还需要对其他服务器或工作站进行备份，有的甚至要对整个网络进行数据备份，即全网备份。

第二节　网络信息安全监管

一、网络信息安全监管机制

（一）网络信息安全监管机制的基本构架

网络的变化万千，网民数量的急剧增长，大多数已经从传统的生活方式逐渐转向了更便捷、更丰富的网上生活，微博、微信、淘宝等网站给我们的生活、学习带来无限的便利。但与此同时，信息所承载的价值和利益也与日俱增。

随着网络技术的日新月异，不仅在很大程度上挑战了网络信息的安全，而且这也对网络信息安全水平提出了更高的要求，因此网络信息安全监管机制包含的内容也必定越来越广泛。但从监管机制的组成来分析，其构成主要由监管主体、监管客体、监管程序和监管方式构成。

1.网络信息安全监管主体

监管主体是指法律关系中的参加者，即在监管中享有的权利以及义务的承担者。网络信息作为一种公共产品，对其安全利用等事项予以监管的主体可以归类为公共政策主体一类。公共政策主体是指直接或间接地参与政策制定、执行、评估和监控的个人、团体或组织。由于我国的网络监管事务繁杂，发展历程也不长，因此对于我国来说，监管主体不仅包括直接参与并主导立法、行政等过程的政治权力主体如政府部门，更为广泛和复杂的是间接影响整个监管过程的"体制外"的主体，如行业协会等民间组织、自治团体。结合这种情况，我国的网络信息安全监管主体可以定义为参与到互联网监管的立法、行政、执法、监控等系列活动中的政府部门或民间组织。在实践中，网络信息安全监管

主体主要包括对网络信息占有的主体、网络信息使用的主体和网络信息处分的
主体等。

①网络信息占有主体。对网络信息占有是网络活动中最开始也是最基本的
前提之一。在网络社会这个虚拟的环境中，大多数网络活动都与信息占有者密
切相关，它是网络信息法律关系的直接参与者。

②网络信息使用主体。是指在网络中的信息进行利用，使信息发挥它的有
效价值，从中牟取利益。在网络信息活动中，信息的加工、处理、传播等行为
贯穿整个环节，是构建网络活动的重要组成部分之一。

③网络信息处分主体。是指在网络活动中，占有者拥有对信息处分的权利，
包括对事实上的处理和法律上的处理，主要包括对信息的放弃、修改以及信息
使用权的转让等行为。在实践中，对网络信息处分的主体普遍存在，如对网络
信息的收集和存储的主体、网络信息传播主体、网络信息公开主体等都是网络
信息处分的主体之一。

2. 网络信息安全监管客体

信息法律关系的客体就是信息，即以上所提到的信息法律关系的主体所享
有的权利和负有义务所指向的对象，也就是将信息法律关系主体之间联系在一
起的媒介，如果没有客体——信息作为媒介，就不可能在主体之间形成信息法
律关系。网络信息安全监管的客体主要是在网络社会中主体所涉及的个人、商
业以及国家获取信息等行为，如非法获取网络信息，从中牟取利益、非法泄漏、
篡改、毁坏其收集的个人信息等行为。

3. 网络信息安全监管程序

程序对于一个法治国家的建立有着极为重要的作用。众所周知，程序能够
使人达成共识，在一定程度上保障了政府决策的权威性，同时也能够限制公权
力的滥用，保障了公民的私权利。然而在我国的网络信息安全法律体系中，大
多数法律法规都忽视了对程序性法律的构架，从网络信息安全法的发展历程上
看，无论是过去还是现状，立法者更多的只关注实体性的法律规范，忽视程序
上的建设，其结果直接导致实体权利和义务规范难以落实。

如《电子签名法》第19条规定电子认证服务提供者应当制定、公布符合
国家有关规定的电子认证业务规定。第20条规定申请电子认证书时应当提供
完整和准确的信息。但纵观《电子签名法》的其他法条，怎样保障信息的完整
性却缺乏相应的规定，使公民的权利难以得到保障。因此，构建出一套明确、
透明的程序来约束权力部门，在最大程度上保护相对人的合法权利。

4. 网络信息安全监管方式

（1）行政手段是网络信息安全主要监管方式。

由于我国是网民大国，且网民的需求也纷繁复杂，网民的素质也参差不齐，而在我国网络信息安全管理模式中，无论是从法律，还是从国家政策方针，它们在建设过程中都存在定缺陷，网络的千变万化使共存在的矛盾和问题不断暴露，而有限的法律已经不能涵盖所有的问题，所以为了有效地管理和监督网络信息安全，政府的行政手段成了网络监管的主导力量。利用行政手段来监管既明确了政府的职责，在一定程度上也强化了部门之间的配合，同时也指出了网络监管需要社会力量的配合，特别是网络运营商和公民在维护网络安全中的作用。行政手段对网络信息安全进行监管在一定程度上能够解决当前网络信息安全中所面临的问题。

有利就有弊，行政手段的最大弊端就是部门之间的互相推诿或多头执法，这不仅造成了执法力量分散，而且还直接影响了行政部门的公信力。值得注意的是，行政手段对网络的间接介入是否符合行政法的规定？

（2）网络信息安全监管中存在非正式监管方式。

为了有效地治理网络中存在的各种问题，我国陆续出台了一系列的网络法，其中包括法律、法规、部门规章、司法解释、地方性法规和地方性规章以及一些非正式的行政命令。因此，政府对网络监管形式也多种多样，既有直接限制也有间接限制。

例如，在一些网站上，如果要发表某些新闻或播放某些视频，政府为了保证网络的纯净，会依据相关的法律法规进行事先审查，以确保这些内容符合社会的发展。但法律总是带有一定的滞后性，不能涵盖所有的问题，因此在一些情况下，政府会根据会通过非正式的方式，如打电话或者私聊给予商家一定的指导意见或直接作出禁止性结果，以确保其内容符合我国的国情。因此，在我国网络监管中存在大量非正式的监管方式。

（二）网络信息安全监管机制的规范构架

信息作为财产的一种形式，保护信息安全就成了人们所追求的法律目的，根据不同的信息活动从而制定不同的法律法规。为了保障我国网络信息安全，我国主要是通过"渗透型"的立法方式，将涉及网络信息安全的立法内容渗透到相应的法律、行政规章、司法解释以及部门规章，渗透到网络的方方面面。这些法律的制定保障了网络信息免遭非法泄漏、修改和破坏的有效措施。各部门根据相应的法律法规在各自的职责范围内履行自己相应的义务，对网络信息安全保障起到了非常大的作用。可以说目前网络信息安全的法律构架已经基本成形。

1.法律

这一部分的网络信息安全法律主要是指全国人大及其常委会制定通过的，主要包括以下这些。

（1）《中华人民共和国网络安全法》（以下简称《网络安全法》）是在2016年11月7日我国首次通过的第一部国家层面的网络基本法。该法律是根据我国的基本国情和网络信息安全最新动态制定。随着网络技术的不断发展，网络犯罪呈现上升趋势，为了有效制止和控制网络犯罪以及完善网络信息安全法律体系，该法主要突出了以下几个方面。

①确定了网络空间主权原则。随着网络空间迅速发展，网络已经遍布全世界，金融、交通、信息交流等都离不开网络空间。国家不断地通过网络空间获取政治、经济利益，也不断地在网络空间行使自己的权力，使这个新型的空间成了国家发展和生存的新天地，它与领空、领海、领地样都是国家主权的体现。确定网络空间主权是进一步保障国家安全、社会公共利益，保护公民、法人和其他组织的合法权益。网络信息安全作为国家安全的一部分，直接影响着社会的安定，如网络中的各种信息如造谣、淫秽、分裂国家等信息。

②完善了个人信息保护制度。在网络空间中，各种网络信息都处在高度公开的状态，在这种状态下的信息极易被记录、传播、篡改和监控。互联网发展至今，信息的泄漏特别是公民的个人信息如：身份证号码、家庭住址、电话号码等信息在流通过程中早已经泄漏，许多公民也许已经成为网络信息中的"透明人"。网络信息的不安全已经在不知不觉中影响着人们的生活，这对构建和谐社会的建立产生了一定的阻碍。在这种情况下，该法主要是以保护公民的个人信息不被非法利用、泄漏，保护公民在网络空间的隐私和能够识别个人身份的信息。

首先，该法明确规定了网络运营者应该建立信息保护制度，在收集、使用过程中必须符合法律法规的相关规定。其次，网络运营商不得非法向他人提供个人信息，发现网络运营商违犯法律法规的有权要求运营商予以更正。再次，对依法负有网络监管职责的部门及其工作人员，必须对在履行职责中知悉的个人信息，隐私和商业秘密润格保密，不得泄露、出售或者非法提供。最后，明确规定了侵害公民个人信息行为的处罚措施，在一定程度上增加了运营商发生网络信息安全事件的成本。该法的出台对完善我国个人信息保护法律体系中有着至关重要的作用，同时这是我国第一次对运营商在使用、收集和处理公民个人信息过程的相关规定上升到法律层面，为以后的相关条例的制定做了统一的标准。

③进一步完善了网络身份管理制度。网络是一个无边界的世界，可能因属地原则许多网民会归属于不同国家的法律管制，加之网络空间中信息资源的共享，冲突是难以避免的。在网络空间中，网络诈骗、垃圾邮件、垃圾短信等时有发生，如果这些不法分子的个人信息没有进行事前登记，缺少身份认证，那么在执法过程中，就很难追究其责任。

④建立了国家关键信息基础设施安全保障制度，保护国家和公民的合法权益。目前，随着网络信息承载的价值越来越大，金融、交通、电子政务等领域的关键信息都是经济社会的中枢神经，是网络信息安全中的重中之重。在《网络安全法》中，明确规定了国家关键信息基础设施保护的相关内容。

首先，对关键信息基础设施建设实行重点保护，关键信息基础设施的具体范围和安全保护办法由国务院制定。这是我国首次将关键信息基础设施安全保护上升到法律层面，为我国完善相关法律提供了法律依据。

其次，明确了不同主体之间的责任、义务，这为关键信息基础设施安全制度的实施提供了保障。同时，该法也明确规定了关键信息的收集和产生的个人信息和重要数据应当在境内存储，确实需要向境外提供的，应当按照法律法规的规定。强调了我国关键信息基础设施也是我国网络主权之一是神圣不可侵犯，同时也为相关部门打击境外犯罪提供了法律依据。

最后，进一步完善了网络信息安全立法体系。国家将关键信息基础设施的安全保护上升到法律层面，在一定程度上促进了配套的法律法规的完善和出台。

（2）《中华人民共和国刑法》（以下简称《刑法》）。

1994年4月20日，中国国家计算机与网络设施工程研发出一条64千比特每秒（Kbps）的国际专线，开启了互联网时代。随着网络技术的不断创新，网络空间的不断扩张，网民的数量也在日益增长。与此同时，网络的"虚拟性"已经开始向"现实性"过渡，网络行为不再是过去单纯的虚拟行为，它越来越具有现实的意义，如电子政务、电子商务等行为。各种便捷、高效、丰富的生活已经紧紧地与网络连接在一起，网络化已经成为人们生活的一种生活或生存方式。

为此，在1997年全国人大常委会通过对刑法的修改，首次增加了关于计算机犯罪的规定，对非法侵入、控制计算机信息程序计算机信息系统功能进行删除、修改、增加、干扰，利用计算机实施金融诈骗、盗窃、贪污、挪用公款、窃取国家秘密或者其他犯罪都作了相应的规定，第一次将计算机犯罪纳入到刑法中。

没有网络的发展就没有社会的发展，网络社会就如同现实社会一样，都在与时俱进，新型的网络事件不断出现，过去的法律已经不能有效解决新的问题，如个人信息保护、网络造谣等。

因此，通过对《刑法》第九次修改，进一步完善了对网络信息安全的保护。首先，进一步扩大了对个人信息泄漏的打击范围，只有泄漏、出售公民的个人信息，造成严重后果的就可以依法追究其责任，这进一步保障了公民的个人信息不受侵犯，与《网络安全法》相关规定一致。其次，明确规定了网络服务提供者的相关义务。在网络空间中，一些网络服务提供者为了获得更多的利益，肆意发布虚假广告、淫秽视频等，这些都不利于网络的长久发展，对社会的稳定造成一定影响。

因此，网络服务提供者使大量违法信息大量传播等问题造成严重后果的可以处三年以下有期徒刑、拘役或者管制，并处罚款。对于编造成假的险情、疫情、灾情、警情，在信息网络或者其他媒体上传播，或者明知是上传虚假信息，故意在信息网络或者其他媒体传播，严重扰乱社会秩序等都纳入了刑法的范围，这是进一步扩大了编造、故意传播虚假信息罪的受案范围，能更好地保护国家和公民的相关权益不受到侵犯。

（3）《关于加强网络信息保护的决定》（以下简称《决定》）。

2012 年 12 月我国第十一届全国人大常委会通过了《关于加强网络信息保护的决定》（以下简称《决定》），该《决定》针对当时的网络特点，对网络信息安全做了比较全面的规定，主要在以下几个方面：首先，加大了对个人信息保护，任何组织和个人都不得非法获取或出售个人信息，这为保护网络空间中的个人信息提供了法律依据；其次，网络实名制度的建立，随着微博、微信等交友等网站的出现，建立网络实名制在一定程度上能够遏制网络造谣、网络诈骗等事件的发生，同时也提高了对网络的管理力度；再次，依法治理垃圾短信邮件，在网络中的垃圾短信、垃圾邮件是广大网民最头疼的事件之一，该《决定》规定网民用户同意明确拒绝就不准发送商业信息，这对用户拦截垃圾短信、垃圾邮件起到很大的作用；最后，规定监管部门应该在各自的职权范围内依法履行职责，这在一定程度上加大了政府对网络信息安全监管的力度，保障了国家和公民的合法权益。

（4）《全国人大代表大会常务委员会关于维护互联网安全的决定》（以下简称《决定》）。

2002 年 12 月我国第九届全国人大常委会通过的《全国人大代表大会常务委员会关于维护互联网安全的决定》（以下简称《决定》），这是我国第一个专门针对网络犯罪所制定的法律，该《决定》是根据 1997 年《刑法》中计算机犯罪的相关规定的基础上，进一步扩大了保护范围，同时也规定对不足以构成犯罪，但利用网络侵犯他人合法权益，构成民事侵权的，依法承担民事责任，这不仅扩大了受案范围，加强了司法救济，也进一步保障了公民的合法权益。

我国对于网络信息安全保护不仅制定了专门性的法律，在其他法律中也作了相应的规定，如《中华人民共和国宪法》《中华人民共和国保密法》《中华人民共和国电子签名法》《中华人民共和国专利法》等。

2. 行政法规

① 2016 年国务院通过修订的《互联网上网服务营业场所管理条例》，该法主要是规范互联网上网服务营业场所，对上网服务营业者的实行许可制度，规定其经营范围以及应负的责任义务，在一定程度上保障了互联网上网服务的健康发展。

② 2013 年国务院通过修订的《计算机软件保护条例》，该法明确规定了软件的著作权，如发行权、署名权、发行权等，保障了软件著作权人的合法权益受到法律的保护，以及侵犯软件著作权应承担的法律责任，这在一定程度上促进了软件开发者的积极性和创造力，进一步推进了中国软件的发展。

③ 2013 年国务院通过常务委员会修改了《信息网络传播权保护条例》，该法主要在《中华人民共和国著作权法》的基础上制定的相关条例，进一步细化了保护对象。如著作权人、表演者、制作者在网络空间中的传播权，同时通过修改加大了处罚力度，明确规定没有非法经营额或非法经营额 5 万元以下的也可以进行处罚，进步的规范了网络传播行为，保障了网络的正常运行。

④ 2011 年国务院通过修订的《计算机信息网络国际联网安全保护管理办法》，该法主要是针对国内计算机信息网络国际联网安全保护的相关规定，任何单位和个人都不得利用国际联网危害国家安全，侵害国家和公民的合法权益，加强了政府部门对网络信息安全监管，建立安全保护管理制度，同时在安全保护技术措施、安全保护管理中所需要的信息、原始记录等都作了相应的规定。

⑤ 2011 年国务院通过修订的《中华人民共和国计算机信息系统安全保护条例》，该法最初于 1994 年 2 月颁布实施的，第一次明确规定了计算机相关

术语的概念，同时也是我国第一部针对计算机信息系统保护条例。该法规定计算机信息系统安全保护主要由公安机关负责，明确规定了公安机关的相关权利和义务，如对计算机信息系统中发生的案件，应当在报告给公安机关。

除此之外，国务院还通过了以下行政法规：如 2016 年修正的《中华人民共和国电信条例》、2000 年的《互联网信息服务管理办法》、1997 年修正的《中华人民共和国计算机信息网络国际联网管理暂行规定实施办法》等。

3. 部门规章

对我国互联网监管的部门主要是公安部、文化和旅游部、国家保密局、信息产业部、国家工商行政总局等部门。因此，这一部分的法律主要是根据各部门的职责权限不同而分类，主要包括以下这些。

（1）公安部制定的规章。

2016 年 12 月颁布了《最高人民法院、最高人民检察院、公安部关于办理电信网络诈骗等刑事案件适用法律若干问题意见》，该法细化了《刑法》266 条对财产量刑的规定以及加重情形，同时对犯罪案件的管辖、证据的收集、财产的处理等问题都做了明确的规定，为执法人员在打击电信诈骗时提供了一个法律标准，这对净化网络空间提供了一个重要的保障。

（2）文化和旅游部制定的规章。

随着网络文化服务的不断扩张，网络文化已经成了网民们的精神生活，由于网络文化参差不齐、有害的信息屡禁不止、监管力度有待提高等。因此，为了适用新的需求，在 2011 年通过新修订的《互联网文化管理暂行规定》，该法明确规定了网络文化的发展方向以及原则，严格按照《行政许可法》的相关规定依法行政，同时也放宽了审批权限和执法权限，进一步规范了网络文化市场。

2010 年颁布的《网络游戏暂行办法》，这是我国第一部专门针对网络游戏进行管理的部门规章，该法主要是对网络娱乐的内容、市场的主体、经营活动行为以及法律责任做了明确的规定，在一定程度上加强了对网络游戏的监管，打击了网络犯罪，加大了对未成年人的保护力度。

除此之外，文化和旅游部还颁布了《文化和旅游部关于实施新修订〈互联网上网服务营业场所管理条例〉的通知》《关于净化网络游戏工作的通知》等。

（3）国家保密局制定的规章。

2000 年颁布了《计算机信息系统国际联网保密管理规定》，该法规定了上网信息保密管理实行"谁上网谁负责"的原则，也进一步加强了对计算机信息保密制定的监督，但该法没有规定泄漏信息后应负的责任和相应的工作人员应受的处罚。

1998 年颁布的《计算机信息系统保密暂行规定》，该法主要是针对计算机系统中采集、存储、处理、传递等秘密信息的处理，明确规定了领导负责制度。

（4）工业和信息产化部制定的规章。

2015 年修订的《电子认证服务管理办法》，该法明确规定电子认证机构应实行定期、不定期的检查以及认证机构应承担的法律责任，还确立了工业和信息化部对电子认证机构进行监督和管理。

2004 年颁布了《中国互联网域名注册暂行管理办法》，该法主要是对我国互联网域名系统进行有效的管理，明确规定了网络域名中的一些术语，如域名、顶级域名、中文域名等法律内涵，同时还规定了对互联网域名管理、注册以及相关的责任都作了相应的规定，为我国互联网域名注册统一了标准。

除此之外，工业和信息化部还制定了《电信网间互联管理暂行规定》《互联网 IP 地址备案管理办法》等。

对网络信息安全保护，除了上述几个部门外，国家广播电视总局、国家版权局等部门也出台了一系列的部门规章，包括《互联网出版管理暂行规定》《互联网著作权行政保护办法》《铁路计算机信息系统安全保护办法》《农业农村部计算机信息网络系统安全保密暂行规定》等。

4. 司法解释

这一部分的法律主要是最高法最高检依据相应的法律法规，在审判过程中遇到的疑难问题，对具体法条作的间法解释，主要包括以下这些。

①在网络空间中，为了更好地保护公民的官论自由，维护社会的和谐稳定，同时遏止不法分子利用网络造谣、诽谤等行为。在 2013 年出台了《最高人民法院、最高人民检察院关于办理利用信息网络实施诽谤罪等刑事案件适用法律若干问题的解释》，该法主要是从利用网络实施的诽谤的行为方式、入罪标准以及定罪量刑，如在该法中就明确规定同一诽谤信息实际被点击、浏览次数达到五千次以上，或者被转发次数达到五百次以上的，构成刑法第 245 条的诽谤罪。该法明确规定在网络空间中实施诽谤行为构成诽谤罪的标准，这为执法部门提供一个有法可依标准，能够最大限度地保护公民的合法权益。

②为了有效维护网络空间中正常的秩序，保障公民的合法权益，最高人民法院和最高人民检察院根据《刑法》和《全国人民代表大会关于维护互联网安全的决定》相关条文于 2004 年制定了《最高人民法院、最高人民检察院关于办理利用互联网、移动通信终端、声讯台制作、复制、出版、贩卖、传播淫秽

电子信息刑事案件具体应用法律若干问题的解释》（一），2010 年制定了《最高人民法院、最高人民检察院关于办理利用互联网、移动通信终端、声讯台制作、复制、出版、贩卖、传播淫秽电子信息刑事案件具体应用法律若干问题的解释》（三），这两部法都明确了利用网络复制、出版、贩卖、传播淫秽电子信息等具体的量罪定型。

二、网络信息安全监管策略

（一）监管组织

1. 提高安全意识

各国网络信息安全治理的经验都表明，要想成功解决网络信息安全问题，信息技术当然必不可少，但是仅有高科技信息技术是不够的，人更是这个过程中最为重要也是最容易出问题的一个环节，尤其由于人的疏忽大意等问题是造成网络信息安全事故频频发生的主要原因。

因此，各国都应该有意提高民众的网络信息安全意识，用户在使用或传播信息的过程中也一定要注意时刻保持较高的安全防范意识。以美国为例，美国一直都高度重视对民众网络信息安全意识的提高工作，于 2006 年在美国各大高校中举办了首次网络信息安全意识视频大赛，随后该大赛成了年度赛事，基本上每年度都召开一次。这样的比赛活动不仅有高校的参与，媒体的报道，还有大量的普通民众积极参与，收到了非常好的效果。

相较于英国、美国这些发达国家，中国的发展起步较晚，无论是社会经济、文化传播、科学研究、技术水平、国民教育，目前都有一段很大的差距，尤其是网络信息安全防范意识更缺乏。近年来，中国的网民数量越来越多，老幼网民数量也随之增长，对于这样一部分信息使用人群，几乎没有任何网络信息安全知识。

除此之外，即便是受过高等教育的民众，非信息技术相关专业的民众在某种程度上仍然还是缺乏主动防范意识，没有能力抵抗网络信息安全问题。这不仅会给他们的信息使用造成威胁，甚至会给整个社会带来威胁。

因此，我国政府相关部门急需尽快出台相应措施以促进提高我国民众的网络信息安全相关知识及防范意识，使得用户无论是在使用信息还是传播信息的过程中都要保持高度警醒的态度。只有首先保护好用户自身的网络信息安全，进而才能谈及保障整个国家的网络信息安全，乃至整个国家的安全。

①提升网络信息安全意识，建立主动防范观念，构建大局整体思想，要从国家安全的角度来看待网络信息安全问题。网络信息安全不仅仅涉及每个个体的网络信息安全，在某些领域，由于人们的疏忽大意甚至可能会影响整个国家的网络信息安全，进而影响国家安全，如政治安全、经济安全、文化安全、社会稳定等。我国应积极主动采取各种有效措施，提升民众较高的网络信息安全意识，主动抵制各种负面或不安全的信息，保护自身的网络信息安全，也是保护国家的网络信息安全。

②要提高民众的网络信息安全意识，可以针对不同的对象群体，采用多种不同的方式、方法，效果会更佳。例如，对于普通民众，宣传教育就是各国比较常用的一种方法，通过各种形式的宣传，无形中给人们上了网络信息安全一课，营造国家重视网络信息安全、人人重视网络信息安全的良好环境，促进整个国家的网络信息安全观的建成。对于国家公职人员，更是应高度重视，因其日常所接触的信息可能都会涉及国家机密甚至国计民生，必须大力提高这部分人员对网络信息安全问题的敏感度，要能及时感知并解决问题。

2. 重视人才培养

除了由于民众的网络信息安全防范意识不足可能引发网络信息安全事故之外，网络信息安全问题往往都是高科技信息技术问题，实际上也很难被非专业人士所识别，更不用谈怎么来积极主动防范。要想防御这类网络信息安全问题，单纯靠有较高的网络信息安全防范意识是远远不够的，必须要有专业的高素质的网络信息安全相关专家。

例如，防范网络信息安全问题最初级的防火墙或杀毒软件等，都不是一般的信息技术人员能够完成的，或者完成的质量难以保证。而信息技术专家一般都是多年从事网络信息安全相关研究，对于网络信息安全相关技术、黑客的攻击手法都比较熟悉，能够在比较短的时间内快速甄别网络信息安全问题并给出解决方案，避免给国家安全造成更大的危害。

可以说，网络信息安全人才或者专家是有效保障国家网络信息安全的重要基础和前提，对我国网络信息安全问题解决的意义重大。国家与国家间的信息战，实际上也是通过这些信息技术专家来进行的，哪个国家拥有更多的高技术人才，哪个国家就首先占据了信息战的优势位置。

因此，我国应在网络信息安全人才培养方面多下功夫，创造各种有利条件，营造良好环境，出台各种利好措施，努力培养具备方方面面网络信息安全技能的人才及专家。同时，需要注意，既要培养人才，也要能留住人才，从而使其更好地为我国网络信息安全事业做出应有的贡献。

可见，信息技术人才或专家对于网络信息安全问题的有效解决具有重要作用及重大意义，而这些信息技术人才或专家却是我国当前情况下极度缺乏的，尤其是网络信息安全领域的教授级甚至院士级专家更是很少，根本无法解决目前我国网络信息安全监管过程中存在的问题。对于网络信息安全监管的研究，我国起步较晚，尤其是 Internet 上的网络信息安全，才刚刚起步，发展尚不成熟，研究成果很少，大部分还需要借鉴国外发达国家的先进技术及成果，也导致我国网络信息安全产业没有自己的核心技术支撑，发展也相对滞后。虽然我国已经注意到这个问题，并且也开始积极培养相关方面的人才，如在一些试点大学开始网络信息安全专业及保密专业等，但是人才的培养需要一个比较长期的过程，四年的本科教育、三年的硕士研究生教育、甚至再加四年的博士研究生教育都不可能培养一个网络信息安全人才，还需其在实践中不断积累经验，短期内仍不能满足我国的实际需要。

另外，也需要注意人才的流失率。由于英国、美国等发达国家在经济发展、科学研究等方面都远远优于我国，这种情况下，如果再开出更优惠的待遇条件，可能就会出现比较高的人才流失，使得我国原本就短缺的人才更缺乏。我国必须既要重视网络信息安全人才的培养，也要注意为人才创造有利环境，留住人才。这方面的工作可以着重从以下三个方面展开。

一是我国对网络信息安全的研究才刚刚起步，对网络信息安全人才的培养模式也还在摸索中，必须要集思广益，强调网络信息安全学科的建设需要发挥大家的创新思维。例如，可以现在名牌优质大学先行开设试点专业，积累起经验之后，下一步就可以建设专门的大学或在各大学中建立独立学院，扩大培养规模。学校在培养网络信息安全人才的时候，既要重视理论教育，也要强调实践环节，培养高素质复合型人才。

另外，开始之初各学校的积极性可能不高，为配合各学校专业的开设，国家可以通过制定相关的激励制度及奖励制度，对绩效突出的学校给予精神或物质上的奖励。

二是网络信息安全相关人才培养成后，首先还要留住这些人才，那么就需要相关政府部门采取一系列有吸引力的政策或措施。例如，给网络信息安全人才比较高的福利待遇，硬件过硬的工作环境，良好的工作氛围。关心人才，爱护人才。及时解决他们在研究过程中遇到的问题或困难，以便这些网络信息安全人才能全身心投入到研究中，早日出更多高水平的研究成果。

三是网络信息安全人才的培养还不是最终的目的，最终的目的还是要充分发挥这些人才的知识才华，学有所用，那么这就需要国家层面出台一些有效的工作聘用机制。从我国具体国情出发，通过创新人才聘用机制，改革人事制度，全面贯彻国家的科学发展观，用其所长，短中见长。

3.组织人员培训

信息安全管理人员的思想意识态度、技术能力水平和领导能力水平对于网络信息安全管理具有重要作用。因此，从这三个方面出发，提出一些建议。

（1）从思想上提高网络信息安全管理水平。

针对网络信息安全管理员工的培训与再教育，要将重点与难点放到机构最高管理层、专职保密员工以及涉密人员上，切实改善网络信息安全管理现状。开展安全教育与宣传工作时，不仅仅要时刻关注机构最高管理层与保密全职干部等核心人员，也要兼顾全体工作者，将新技术或者新思想传递到所有相关人员。树立网络信息安全管理重要性与复杂性思维，无论何时都处于最高警戒状态，防止出现其他意外。积极开展法规、技能以及信息安全教育培训，确保所有员工均能掌握核心技术，按制度去开展工作。意识到自身行为对网络信息安全的影响，熟知各项法律制度与条款，掌握信息安全管理的重点、难点与薄弱点，掌握盗窃信息的原理，并且将其转化为日常习惯。除此之外，基于传统保密教育与宣传的前提下，时刻关注信息安全的新特征、新趋势、新问题，不断更新操作理念，积极开展创新，开拓新的途径，切实提升培训质量。

（2）从技能上强化网络信息安全管理水平。

积极采取措施，落实相关制度与规范，培养不仅仅掌握保密技术，而且熟知信息安全技术的专业化团队，聚集精力去研究彻底解决相关问题的办法，确保信息安全工作有序展开。让全体员工树立终身学习的观念，积极掌握各项技能，扩展团队的知识面，切实提升科学技术水平，在当前时代背景下，切实提高信息安全管理水准。

除此之外，积极落实创优争先活动，开展相关宣传，树立模范榜样，帮助员工树立爱岗敬业的精神。将网络信息安全与绩效考核联系起来，定期评选先进集体与先进个人。对表现优越的管理人员，开展表彰大会，如果员工表现足够优秀要提拔，激发员工工作的主动性与积极性。

（3）从领导力上锤炼网络信息安全管理水平。

行政单位保密办要和各个处室的最高领导者签署"任期保密工作目标责任书"，详细给出网络信息安全管理相关标准与惩处制度，并将其公开展示。全面实施"一把手总负责"、各级领导具体负责、其他管理层对口负责的责任制度，将相关责任与义务明确化，防止出现管理漏洞。组织管理机构要积极与保密单位合作，针对信息安全管理特征，制定相应的考核制度，并且将其纳入日常管理体系，确保其有序展开，凡是出现泄密事件或者违背有关规定的单位与责任主体，均不得参与评比表彰。

（二）监管机制

1.加强顶层设计

信息技术是把双刃剑，在带给人们便利的同时，也带来了诸多挑战，其中就包括各种潜在的网络信息安全风险问题。继传统意义上人们常认为的政治安全、经济安全、文化安全、军事安全之后，网络信息安全问题已经开始成为影响国家安全的又一重要方面，甚至可以说网络信息安全的重要性对于一个国家的安全来说是凌驾于政治安全、经济安全、文化安全、军事安全之上的。网络信息安全可通过影响政治安全、经济安全、文化安全、军事安全来间接影响国家安全。

例如，为颠覆一国政权，外敌方可能会故意在互联网上散播一些有关这个国家的负面言论信息，引导该国民众的思想动态，破坏其国家形象，甚至做出更恶劣的攻击行为，这都会给这个国家的安定团结造成极大的威胁。网络信息安全也影响着一国的经济安全，是一国经济保持健康快速发展的基础前提，关涉国计民生。

然而我国的网络信息安全产业却不容乐观。严重缺乏核心技术的研发，过度依赖外方提供，重国外、轻国内的现象在某些领域仍然盛行，我国关键部门领域的计算机软硬件设备等也是要从国外引起，这些无形中都加大了我国网络信息安全潜在的风险。网络信息安全对一国文化也有很大影响，如可以通过互联网向其他国家宣扬其不一样的价值观，改变其他国家的社会意识形态，达到其同化的目的。

同时，网络信息安全对一国军事的影响最大，意义也更为重大。没有硝烟的信息战已经成为各国斗争的重要形态，哪个国家占据了信息战的制高点，哪个国家也就在两国关系上占据了上风。目前各个国家都已经将网络信息安全提升到了国家安全的战略高度，给予了前所未有的高度重视。

由此可见，网络信息安全问题目前正面临着非常严峻的考验。由于网络信息安全问题是国际上各个国家都面临的问题，因此，如何更好有效的解决网络信息安全问题也决定了一国政治、经济、文化、社会的安全及稳定，必须放在首要位置上进行对待。要想解决国家网络信息安全问题，首先就应该从国家层面上出台宏观指导框架，这样才能确保全国上下行动及目标的一致性。我国也已意识到网络信息安全问题的严重性、重要性及迫切性，将网络信息安全问题提高到了国家战略层面。

《关于大力推进信息化发展和切实保障网络信息安全的若干意见》的具体落实，可以从以下四个方面重点着手。

一是规章制度是构建网络信息安全战略规划的重要基础，尤其是系统完善健全的制度机制。针对我国的实际国情，我国在制定网络信息安全规章制度时，一直大力倡导控制、合作及开放的思想，那么各级政府部门、组织机构要做的工作即是要研究如何更好地实践指导思想，落到实处，如何有效的解决国家网络信息安全的问题。为了完成这些目标，我国急需要做的工作就包括制定完善网络信息安全相关的法律法规、政策制度、决策机制、管控机制、人才机制等。

同时，需要注意的是，互联网无国界，网络信息安全不是单靠哪一个国家就能够解决的问题，需要国家间通力合作。那么就需要国家间搭建良好的国际关系，通过网络信息安全问题构建一种新型的国际秩序。各国不应只注意到短期的经济利益，网络信息安全问题的解决需要各国从长远角度出发，采取各种外交手段来促进。

二是网络信息安全问题的解决离不开信息技术，因此加快信息技术的研发也是我国目前最需要做的工作，尤其是我国自由研发的、具有研发产权的信息技术专利产品及信息技术标准，而这也需要大力扶持我国的网络信息安全产业，为其创造有利的发展环境。多年来，在信息技术研发及信息技术标准方面，一直都比较依赖国外进口，对我国的网络信息安全造成了极大威胁。

因此，要想彻底解决网络信息安全问题，必须从根上抓起，从底层核心抓起，如网络信息安全标准，这也关系到我国在国际上网络信息安全产业链上的分工。近年来，我国也培育扶持了如华为中兴等成功企业代表，说明我国在高科技信息技术领域完全可以通过不断创新逐步占领一席之地，我国企业应该要对自己树立信心及决心。

三是虽然我国自主创新的网络信息安全产业有了一定的发展，但部分高科技信息技术产品仍需从国外发达国家引起，那么对于这样一部分产品就应该要进行严格管控，从产品采购、引进、使用、到售后维护等一系列过程都应实施全过程管理，加大对这些产品的审查及监管力度，并建立相关规则制度作为有效保障。但对于关涉国计民生的国家重要政府部门所用的信息技术及产品，还是应该鼓励使用国产产品，一方面可以降低网络信息安全风险，另一方面也可以扶持带动国内网络信息安全产业的发展壮大。

目前，国家对网络信息安全产业的扶持大都覆盖在国有企业领域，对于其他民营网络信息安全企业的扶持力度实际上还是非常小，而这部分民营企业在我国网络信息安全产业发展过程中却发挥着举足轻重的重要作用。因此，我国在制定网络信息安全产业扶持政策时，应该要有意识地向民营企业倾斜，国有企业和民营企业要一碗水端平，比如招投标过程应公开透明，甚至有些政策要倾向于民营企业。这样才能增加民营企业家的信心，有效促进民营企业的发展。

四是在起草国家网络信息安全战略、制定企业扶持政策、自主产品研发的过程中，网络信息安全相关技术人才及专家是必不可少的。没有高素质高水平的网络信息安全技术人才，产品研发、企业发展等都是空谈。但要培养网络信息安全技术人才也不是一件很容易的事情，需要国家下大力度。

例如，培养人才，首先就需要创造有利于人才成长的良好环境，显然以往我国的应试教育模式已经适应不了当前人才培养的需要，需要进行改革。改革就需要创新，创新方式、方法、手段，也是我国长期以来一直坚持贯彻的战略性工作，意义重大。

2. 完善法律法规

制定网络信息安全法律法规是解决网络信息安全问题的一个重要途径，各国都非常重视。尤其是近年来，随着互联网信息技术的快速发展，随之带来各种网络信息犯罪，这是以往的法律法规没有覆盖到的部分。因此，各国都开始修订现有的法律法规或制定新的法律法规来适应现在的网络信息安全监管需求，利用法律法规来强制管理互联网行为。

目前，百分之七十的国家针对此种情况已经对现有相关的法律法规条款进行了修正，百分之四十以上的国家另外又建立了新的法律法规。我国虽然起步较晚，但也一直在积极推进网络信息安全监管相关法律法规的制定修改完善工作，目前我国已经出台的网络信息安全监管相关法律法规包括《关于维护网络安全和网络信息安全的决定草案》《互联网信息服务管理办法》《计算机信息网络国际联网安全保护管理办法》《计算机信息系统国际联网保密管理规定》《互联网站从事登载新闻业务管理暂行规定》《中华人民共和国电信条例》等。

但是我国现有的这些法律法规对于目前面临的网络信息安全问题还是远远不够，需要进一步完善，研究制定新的法律法规，如互联网犯罪、个体信息隐私、互联网产品管理、互联网知识产权等。同时，需要注意的是，互联网载体的新特性决定了互联网上信息传播的规律也不同，对其的监管也需采用不同的方式方法。而且互联网瞬息万变，那么相应的法律法规条款也需随时进行修订更新。

通过对我国网络信息安全监管相关法律法规现状分析，还存在以下三个方面的问题，具体可从这三个方面进行完善。

①针对我国现有法律法规体系的漏洞，构建新型的法律法规，对现有体系进行修补完善。目前，我国现有的法律法规覆盖面还不是很广，尤其是针对近年来发展起来的网络信息安全相关的法律法规更少，而且现有的大部分法律法规还只是在试行阶段，或只是一般的行政规章制度，强制力、约束力、威慑力都不够，存在着较多的法律盲区。对于一些新型的互联网犯罪，现有的法律法规中没有对应的条款，所以在实际执行过程中常常会出现无法定罪、治罪的情况，让很多犯罪分子成了漏网之鱼。因此，我国必须尽快修补法律法规漏洞，针对信息技术发展的实际情况，制定新的网络信息安全立法，对已有的但不适应现阶段社会发展的法律法规条款进行修正，避免出现法律法规不适用、或条款之间相互矛盾冲突的现象。

例如，可以建立互联网网络信息安全法、互联网信息犯罪法、计算机信息系统保护法、个人隐私信息及国家安全保护法等，确保法律法规体系完整，覆盖全面，有法可依。

②有法还需执法，只有严格执行法律法规才能确保发挥法律法规的作用。为了让法律法规起到其应有的作用，首先，网络信息安全相关监管部门要加强执法力度，任何触犯法律法规条款的犯罪分子都要依法治罪，尤其是在互联网进行犯罪行为的更要严厉打击。其次，互联网犯罪一般都是借助法律法规的漏洞或互联网本身存在的漏洞，为了有效避免这些犯罪行为的发生，除了要完善法律法规体系，各大互联网运营商也要加强对自身的监管，从技术上确保不被黑客攻击，从内容上保证其上传播的信息真实无误，不得传播负面、暴力、涉及国家机密、颠覆国家政权等信息。

为了完成此目标，我国还应培养一大批网络信息安全及网络信息安全产业相关的领域人才或专家，为我国网络信息安全产业的发展壮大保驾护航。只有举国上下共同努力，齐心协力去对抗网络信息安全风险问题，网络信息安全风险问题才能得到真正有效的解决。

③只建立法律法规还是远远不够，要想根本解决网络信息安全相关问题，还必须从人们的思想出发，要让民众们了解法律法规的强制性作用，用法律法规的威慑力杜绝此类想法的产生。法律法规代表着国家意志，具有非常强的约束力，人们在行动之前都会三思而后行，从而有效减少人为网络信息安全事故的发生，进而也可以有效保障一国的政治安全、经济安全、文化安全及社会安定团结等。

（三）监管技术

1. 优化安全技术

随着信息技术的快速发展，人工智能、深度学习等领域的研究也开始起步，网络信息安全问题表现得越来越复杂，对于此类问题的处理也越来越困难，想要人工实时对这些问题进行处理已经不太可能，也必须借助于更高级的信息技术手段。这种你来我往无形中也促进了信息技术的快速更新升级换代。且随之带来的另一个问题就是，如果我方一直根据敌方攻击的信息技术手段来决定我方的对抗手段，那么我方就会始终处于下方，处于弱势的位置。

因此，要想改变这种被动局面，必须采取积极主动的防御手段，使敌方没有可乘之机。而这就需要我国大力发展高科技信息技术，掌握自主控制权，摆脱对西方等发达国家的信息技术的高度依赖，在网络信息安全对抗中占据优势位置。例如，可以利用高科技信息技术有效保障信息的保密性、可用性、抗破坏性、真实性及完整性等特征。

由于信息技术含量较高，且更新升级换代非常快，因此我国必须在原有的信息技术水平基础上，花费更大的力气，扶持我国自由信息产业快速发展壮大，研发拥有自主权的网络信息安全相关产品，制定国际网络信息安全标准。我国必须认识到这样一个客观事实，虽然我国在网络信息安全领域取得了一些成绩，如 360 杀毒软件、红旗 Linux 操作系统等，但这些产品与国外同样的产品相比仍是差距甚大，急需继续改进与完善。而这都离不开我国政府部门方方面面的大力支持，具体可以从以下三个方面进行。

①构建系统化的主动防御技术体系。传统的网络信息安全监管应对模式已经不再适用于当前互联网快速发展的情况，亟须转向积极主动防御模式，即"监测一响应"模式，而这就需要积极研发新型的信息技术，将现有信息技术产品进行有效集成，增强信息技术产品的功能，丰富信息技术产品的性能，提高信息技术产品的综合防御能力，以抵抗层出不穷的病毒或木马。

②构建网络化的智能防御技术体系。随着我国信息化进程的加快，互联网已经成为目前各组织机构的应用重点平台，尤其是各种移动 APP 的不断出现，使得对信息技术的抗病毒、抗木马的能力要求有所提升，因此需要研发一批新型的网络化的智能防御信息技术产品，如互联网上的实名认证、隐私信息保护、加密算法等。

③构建面向服务的防御技术体系。随着人们网络信息安全意识的不断提升，人们对网络信息安全相关产品的要求也越来越高，关注重点也有所转移，更加

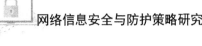

看重网络信息安全产品能够提供的服务，而不是该产品所使用的信息技术有多先进。因此，我国研发的下一代新型信息技术应从以往的以产品或技术为中心转向以服务为中心，加快推进网络信息安全产品服务化进程，提高网络信息安全服务在我国产业总额中的比值。

2. 践行主动防御

网络信息安全问题攻击与防守是相互矛盾的，此消彼长，你来我往，似乎没有办法彻底消除。即便是美国，在其高科技信息技术发展如此迅速先进的情况下，也无法避免遭受各种意想不到的攻击破坏。为改变这种局面，只有主动迎头而上，占据有利位置。按照目前信息技术这么快速发展的速度，对于黑客各种不断更新换代的攻击手段，如果我国一直被动等待防御，那么将始终不能从根本上解决问题，一直会有新的问题出现。我国各级政府部门及企业、甚至个人都必须给予高速重视，树立起积极主动防御的意识。

因此，在我国网络信息安全产业的发展过程中，除了要重视创新、重视自主知识产权的研发，还应建设一支高水平的主动监测及防御网络信息安全问题的人才队伍，旨在用积极主动防御的思想和手段来解决我国现有的及潜在的网络信息安全风险及隐患。网络信息安全问题就像是军事对抗一样，不仅要迎战，还要通过对抗分析对手并采取应对措施。只有在解决网络信息安全风险问题的过程中不断总结分析，成功的经验要继续保持，失败的经验要铭记教训，在实践过程中强化网络信息安全意识、提升网络信息安全技术水平，只有这样才能不断提高解决网络信息安全问题的能力，将网络信息安全风险降到最低。

例如，践行网络信息安全主动防御的思想应该首先从国家重要政府机构、涉及国计民生的重要部门入手。近年来，发生了多起有关国家重要信息被泄露的互联网网络信息安全事故，这些事故大部分都是由于相关组织机构对网络信息安全风险意识不足、对网络信息安全风险监督力度不够引起的。对此，我国可以采取两个方面的措施来解决，即技术手段和管理手段。例如，可通过防火墙技术实现网内网外的有效隔离，以确保网内的网络信息安全，通过建立严格的网络信息安全操作规章制度及审计制度，有效约束及制止员工的违规行为。

同时，对于一些影响国家安定团结、社会稳定的负面舆论信息也要及时清除，这就需要加强对各大知名论坛、微信、微博等信息量比较大的公共平台的监管力度，禁止散播谣言、暴力、黄色等信息，防止公开传播国家机密信息或商业机密信息。对腾讯QQ、微信等聊天工具、Email等人们常用的通讯方式也要加大监管，防止其上传播负面信息或涉密文件。

由于人们网络信息安全意识不强，传输的信息也大都未加密，极易被有心份子截获。可以使用信息过滤技术对各大信息平台上传输的信息进行过滤，将一些负面信息、敏感信息进行删除，对重要的信息或文件进行多次加密，以减少信息或文件被截获后泄露机密的风险。

网络信息安全问题不是任何一个国家一朝一夕就能解决的问题，各国都必须做好打持久战的准备，只有采取积极主动防御的网络信息安全应对措施，才能坚持到最后看到胜利的曙光。

（四）监管体系

网络信息安全管理是国家宏观战略的重要组成部分，通过国外先进经验和警示案例的研究发现，只依靠行政机关未免势单力薄，应该充分借助发挥法律、科研以及社会组织等领域的力量，加强协作，全面保障，共同推进网络信息安全管理体系建设。

1. 需要有力的法律体系支撑

纵观美国、欧盟以及俄罗斯目前积累的经验，网络信息安全一直都属于重点关注内容，而且已经被规划到国家安全战略范畴中。相比较而言，美国目前已对此制定了法律法规，而欧盟主要采取的是双层法律这一举措，俄罗斯建立的安全制度也比较完善。

由此可见，不少国家已经从立法的角度专门对国家信息安全给予保护，制定相关法律法规，确保有法可依。行政机关作为一个国家的重要组成部分，其内部信息部分属于机密，因此，有必要建立完善的法律体系来为其提供安全保障。随着信息时代的到来，我国也必须积极学习和借鉴上述这些国家的经验，从立法层面给予信息安全足够保障。只有法律体制逐渐健全和完善，行政机关的内部信息安全工作才能在"有章可循、有法可依"的基础上切实推进和开展。

2. 需要明确的职能划分

美国、欧盟以及俄罗斯现如今已经建立起相对完善的信息安全管理制度，而且在信息制定、落实、共享等方面已经完全可以做到有效配合，各项措施也合理有效。欧盟虽然是多个独立国家的组合，彼此之间独立分散，但具体到网络信息安全相关政策的制定中，各国均可采取相对灵活的方式应对，制定的整体性管理体系是各个成员国遵循的体系，不仅职责明确，而且具有非常高的执行力和统筹力。美国和俄罗斯虽然设立了很多个网络信息安全管理部门，但彼此之间并不交叉，各自职责明确，彼此之间协调合作。

相比之下，我国现有的网络信息安全管理机构与这些国家仍有很大差距，比如，执行能力不强，多停留在形式上，过于看重简单的常规检查。鉴于此，为改善我国行政机关网络信息安全管理现状，可以向美、欧、俄学习，明确划分各部门的职责，提高部门执行力，以此来为行政机关内部网络信息安全提供保障。

3. 需要共同参与

美、欧、俄信息安全建设均采取公私合作这一形式。具体到技术研发，行政机关可以寻求相应的科研机构或者私营企业共同合作，最大限度发挥这些机构所具备的科研能力。反观之，科研和私营企业也可以在了解市场需求的基础上研发新技术，然后可供行政机关使用，从而实现共赢。至今为止，美国已经拥有了多家专业的数据分析企业。基于此，国家完全可以通过外力就实现了自我安全的保障。

具体到设施建设，凡是可以回归市场的领域均可以让社会组织和私营企业来承担负责，行政机关只需向其购买服务，这种模式最大限度地发挥了市场的重要作用。纵观我国，虽然也有部分企业致力于研发可以保证政务和军工的产品，但数量非常少、资金实力、规模技术水平仍显薄弱。在学习和借鉴国外先进经验的基础上，我国行政机关可以将注意力放在具备为安全信息提供保障的企业身上，在政策上给予优惠和倾斜，凝聚社会各界组织力量，形成网络完全管理合力，为行政机关信息安全提供充足保障。

（五）监管制度

网络信息安全管理制度是一个完整的体系制度，不仅包括涉密信息管理制度、涉密载体管理制度、涉密网络管理制度，而且还包括涉密人员管理制度。

1. 完善涉密信息管理制度

（1）制作管理。

虽然涉密信息的形式有很多种，比如文字、二进制等，但不管其中哪一种，一旦涉及信息传输、编制，均需涉密设备做支撑。换言之，即涉密信息的编制必须在涉密计算机上完成。

因此，所有的涉密设备均应是独立存在的，不能连接任何非涉密网络或者存储介质，且需要明确密级和保密期限标识，并将其置于所有涉密电子信息中，保证同正文相连。针对任何起草中或者已经定稿的涉密信息、包括其处理设备，一旦在权限下进行访问，必须接受 24 小时全程监督。

（2）定密管理。

承办人需要按照保密规定来明确该信息的密级，并上交至本处室，由信息安全联络员对其进行审核，最后以负责人的审核为准，明确密级和期限，且需要保留书面证据。如对信息密级持不确定态度，可先暂缓确定，但需要有必要的管理措施，而且要在规定期限内向相应单位提出申请，要求其帮助自己确定密级。

（3）传输管理。

一切涉密信息的接收和发送均需在专门的保密传输网络路径上完成，切记不可在任何公开互联网上存储、传输相关信息。禁止一切涉密和非涉密设备交叉使用的现象；在区域上对涉密设备做出隔离；针对涉密信息做出的一切处理均需严格按照规定执行，需保留记录，为后续查证提供依据。

（4）存储管理。

所有涉密信息只能储存在涉密设施内，不得随意保存。对于涉密信息，组织做好归档与备份工作，归档需按照国家统一标准，对文字型、数字型、图片（TIF、JPEG）、音频（MP3）、视频（AVI、MP4）的格式进行统一，利用专业化的储存设施，严格执行登记制度，放置于特定场合，指派专人保管。若需要对归档备份好的涉密信息展开查阅，要履行登记与借用手续。所有涉密资料设备不得长时间保存，要在规定时间内和条件下采取合法的渠道删除销毁，防止出现泄露。

（5）发布管理。

当内部保密机构完成审核后，承办方才具备发布涉密信息的资格。确保发布信息的保密等级与网络保密等级相吻合，高密级网络能够刊登低密级信息，但是低密级网络不允许刊登高密级信息。

另外，在发布信息前，相关部门要确保审计的可靠性与准确性，即使发生事故也能够找到源头。如果出现信息阅读与发布违背保密协议现象时，要根据法律制度追究责任。

2. 完善涉密载体管理制度

涉密载体管理制度应该包括事前管理、事中管理和事后管理三部分，这是一有机联系的整体。

（1）事前管理。

行政机关保密机构要对涉密载体的增减负责，非保密单位不具备购置涉密载体资格。在具体实施过程中，要严格遵循"统一购置、统一登记、密级明确、专人负责"的基础原则，把相关权限移交各个部门，并且督促其提升管理质量。涉密载体要先进行登记注册与授权，加装标识后，才能够投入使用。没有完成注册或者加装标识的，禁止投入使用。要根据相关制度设置注册权限，完成注册的设施禁止与外网连接，低密级设施禁止连接高密级网络。所有载体均需安装访问控制列表等软件，明确给出涉密载体的所有主体、使用主体以及范围等。所有操作均要具备强制性的电子或者书面记录，方便进行审核与调查。

（2）事中管理。

要准确划分涉密载体与非涉密载体，避免彼此混合保存，随意使用。没有得到相关部门审批时，涉密载体不许随意改变保密等级或者清除信息。要将涉密载体安置在特定的场所内，交于专职人员负责管理。当载体为绝密级别时，要采取专柜专放，严格实施各项保密举措。

遵循"谁使用，谁负责"的原则，在使用涉密载体过程中，要做好登记工作，方便后期追究责任。若出于工作所需，须获取法审批文件后，才能将涉密载体外带，并且在安全环境内应用，对于绝密级载体不得外借。对于互联网、公用网络设施、无线网络设施等，要定期与不定期进行检查维护、排除病毒故障等危险因素，禁止与涉密载体连接，杜绝一切安全隐患。

（3）事后管理。

实际运行过程中，员工不可避免要发生岗位与部门调整，当涉密管理员与使用人发生变动时，要在未离职前进行清点与履行移交审批程序。在维修涉密载体时，要采取双人制，而且配置专业人员不间断监督。申请报废的计算机、储存设施、复印件等所有设施不得随意处置，要交于保密单位集中销毁与处置。计划对设施实施销毁时要做好登记工作，主管人签字后，在专人监督的情况下进行销毁。具体销毁时，要利用专业的技术办法，将相关设施彻底物理销毁，无法再采用其他技术手段去恢复信息。

3. 完善涉密网络管理制度

涉密网络管理制度应该包括分级管理、场所管理、终端管理和信息管理四个方面。具体如下。

（1）分级管理。

结合现行法律制度与保密单位的制度，针对处于建设时期的网络实施等级制度，进而实施对应的安全保密举措。在防护过程中，要严格遵守就高不就低的原则，参照部门与岗位特征，展开分类处理，将保密等级相同的列入相同安全域，委派专人负责网络域内管理。

（2）场所管理。

在核心机房、网络中心等核心涉密场所增设监控设施，针对涉密办公场所等较为敏感区域，设置防护监控设备，例如，指纹锁、监控、红外报警、电磁干扰以及安全门等，所有进出机房的人都要审批或者报备，不得独自进入。在涉密场所内部，不得使用手机等无线设施，并且不得拍照与录音。

（3）终端管理。

对于电脑终端，要由专职员工管理，不得另做他用，所有设施均要上锁防护。涉密终端的非必需外接口均要封条密封，或者直接拆除，不得随意使用。如果物理接口无法拆除时，就要做好管理工作，防止出现问题。涉密计算机与非涉密计算机要采取物理隔离举措，启动监督与管理系统，一旦发现不正常行为，将第一时间报警，采取措施阻断，然后记录相关信息，将其登记在监管服务器内。

涉密终端要标注涉密等级，明确安全责任主体，严格执行相关制度。涉密网络内电脑终端不得设置为自动登录或者无密码直接登录，要按照保密单位给出的规定，设置开机密码、管理密码以及恢复密码等，配置指纹识别装置，当操作人员离开电脑时自动锁定，防止泄密。

（4）信息管理。

当外接或者登陆涉密网时，所有操作员均要实名登记，并且管理人员要联合保密人员，针对网络内涉密信息的等级、范围以及权限等展开详细审查，确保无误。如果要读写、删除、拷贝以及共享涉密信息时，要登记在册，方便后期查阅。

4.完善涉密人员管理制度

涉密人员管理制度应该包括分类管理与任用审查、培训认证与保密承诺、监管分离与岗位轮换以及出境管理与脱密管理四个部分。

（1）分类管理与任用审查。

参照现行《中华人民共和国保守国家秘密法》，其中规定："涉密人员应实行分类管理制度"。行政机关要结合公职人员接触、熟悉以及管理秘密信息的程度，采取等级分割制度，制定具有针对性管理举措。

与此同时，提升保密审查质量，将其作为委派涉密官员的重要考核指标，只要出现问题必须否决。定期对涉密人员展开考察，时刻关注其思想动态与工作进展，准确的评估胜任度与责任心等。

（2）培训认证与保密承诺。

涉密人员进行上网或者岗位变动而使得保密内容与程度出现变化时，必须

展开相关培训，提升专业技能水准，考核通过以后才能从事相关岗位作业。培训认证要与涉密等级相互关联，给出有效期限。进入岗位或者离开岗位时，要遵循制度与规定签署保密承诺书，将各项权利与义务明确罗列，并且给出切实可行的奖惩制度。

（3）监管分离与岗位轮换。

遵循监督权与使用权两权分离原则，所有负责监督人员不得参与涉密，而涉密者不具备监督权力，实现制约与均衡。与此同时，除非出现特殊状况，涉密工作者在某些岗位工作特定时间段后，要实施轮岗或者调整岗位。比如：A处室保密管理层监督 B 处室，而 B 处室保密管理层负责监督 C 处室，反过来让C 处室管理层监督 A 处室。在实施之前，尽可能遵循本人意愿，将达到预期效果。

（4）出境管理与脱密管理。

涉密人员不得随意出境，假如无法避免时，要参照法律程序获取相关部门批准。若要出境，需接受监督部门的监管和培训。积极实施脱密期管理体系，所有的人员不能随意离岗，审批通过准许离岗的，要在非涉密职位脱密一定时间，顺利完成脱密期后，才可以离职。脱密期设定时，将参照接触、熟知与负责的秘密等级与程度确立。

三、国外网络信息安全管理先进经验

相比于美、欧、俄等发达国家和地区，我国互联网技术目前仍处于落后地位，但网民数量却一直保持着迅猛的发展态势。从共享经济、网络购物、无现金交易等方面的考量，互联网对我国的影响远远高于其他国家。然而，具体到网络信息安全管理，目前我国现有经验不够丰富，在实际管理中仍存在不少问题，尤其是大数据应用，涉及面非常窄。鉴于此，我们需要以谦虚谨慎的态度，积极向其他国家学习和借鉴，并结合我国国情，有针对性地制定适合我国网络信息安全的管理办法和措施。

（一）美国网络信息管理制度

美国一直都是计算机领域的领头羊。911 事件的爆发让美国深刻的意识到安全系统建设的重要性，并为此出台很多新的指导举措。提及网络信息技术安全管理，最先应想到美国，可以说美国已经积累了不少先进的经验，是我们学习和借鉴的主要对象。

1. 法律法规制定完备

20 世纪 80 年代初期，美国出台了《联邦计算机系统保护法案》，随后在 90 年代末期，克林顿总统亲自签订《关于保护美国关键基础设施的 63 号总统令》，其中围绕信息安全基本概念、意义等给出明确规定。在 2000 年提出的国家安全战略报告中正式指出，信息安全应归属国家安全战略范畴，且属于重要组成部分，这直接意味着信息安全将被正式纳入国家安全战略框架中，且具有独立性，并不依附于其他战略。

由此可见，围绕信息安全管理，美国现有法规已经给出更细致的描述。完善的立法工作为联邦行政机关的信息安全提供了有效保障。而且"9·11"事件的爆发，让美国更加重视信息安全，也为此不断强化相关立法力度。在随后几年时间里不断出台和颁布各种法律法规，如，2001 年的《信息时代保护关键基础设施》，2003 年出台的《网络空间安全国家战略》以及 2008 年的《国家网络安全综合纲领》（简称"CNCI"）。该纲领中已经有文件明确指出，要在联邦行政机关中安装合适的入侵检测系统，这一举动直接表明美国行政机关对网络安全的重视程度。国土安全部门安装感应系统，通过入侵检测系统随时监控非法进入联邦网络系统的行为。

2. 网络信息安全监管机构设置的合理性和科学性

美国安全职能部门数量众多，其中在信息安全方面比较有代表性的有国家安全局（NSA）、国土安全部（DHS）等，各部门共同合作，各自职责明确。如，CNCI 中明确指出，具体到纲领实施，国土安全部国家网络中心所担任的职责是协调和指挥。美国行政机关采用各种先进技术，整合上述部门力量，收集了大量其他国家的监控数据，并就此展开深入分析，不仅可以准确、及时、全面了解不利于本国发展的情况，甚至还能够监听其他国家重要的机密。随着斯诺登事件的全面曝光，美国的上述行为已引起全世界各个国家的重视与警惕。

3. 网络信息安全监管的相关工作

美国时任总统克林顿于 1996 年多次提出要不断强化美国的信息保障体系，旨在于保证美国信息可以免遭外部攻击。但 911 事件全面爆发后，时任总统小布什在 2001 年提出"信息时代的关键基础设施保护"的指令，并随后颁布网络空间、安全国家战略相关文件。目前，美国已经拥有了多个计算机应急组织，应急网络十分完善。

由此可见，信息安全已经得到了美国行政机关的高度关注。美国行政机关一直致力于构建更高效、更稳定、更安全的信息网络，充分发挥本国已有的技术优势，创建各种各样的网络平台，囊括了军事、贸易、金融和科技等涉及国家核心利益的重要领域；此外，美国还将网络信息安全管理归入联邦财政预算的范畴，致力于从资金上给予网络信息安全管理以充足保障。

4. 强调网络信息安全人才队伍的建设力度

美国政府高度重视高科技人才技术引进和聘用。如国家安全局制定和全面推出"信息保障奖学金"计划，国防部专门就军队的网络信息安全工作人员举办各种专业培训活动，要求相关人员必须取得一定资质和证书。

（二）欧盟国家网络信息管理制度

欧盟中的发达国家拥有比较先进的网络信息技术，对网络信息安全的重视程度也普遍高于其他国家，相对于美国而言，欧盟的各类机构更为分散，各成员国国情不尽相同，对我国行政机关也有较强的借鉴意义。

1. 建立相对完善的监管体制和响应机制

欧盟网络信息安全的维护和执行主体是欧洲网络与信息安全局，具体负责包括对已经发生的各种信息安全事件进行合理处理、制定科学合理的数据收集框架体系、建立可以在欧洲共享的信息安全保障和预警系统等。

据了解，欧洲目前已经建立起的应急体系主要有两种，其一是计算机响应小组，主要负责人是行政机关，致力于处理各种信息安全紧急事件以及保护现有信息安全系统；其二是专业保护机构，旨在于为各类型的信息基础设施提供保护，同时要积极配合行政机关的工作，双方共同协商制定和开展相关活动，以保障信息安全管理的顺利开展。欧盟已经对此作出明确规定，即一切个人数据不得外传给不属于欧盟成员的其他国家，除非这些数据保护水平在允许范围之内。

2. 法律体系健全

在法律体系方面，目前欧盟采取的是双重体系，即欧盟共同制定法律规范以及各自单独制定的法律法规。欧盟各成员国之间多方协调，共同商议制定了用于保护信息安全的指令，并在此基础上逐渐构建起相对完善的法律体系。

其中比较典型的有《欧盟电子签名指令》《欧盟网络刑事公约》等，所有的立法主要囊括了四个方面，即指令、建议、意见和法令。如其中的指令，对所有成员国的约束力均是完全相等的，但在具体实施上没有太多限制，可以有不同的方法。

因此，欧盟各国可以在遵循统一指导要求基础上，结合本国各自的国情制定适合在本国开展的法律规范。纵观欧盟的法律体系，优势表现为囊括面广，健全度高，而且具有较强的适用性。

（三）俄罗斯网络信息管理制度

随着冷战结束苏联解体，俄罗斯在爆发多次重大政治事件后，目睹周边国家颜色革命和西方国家利用互联网大肆渗透颠覆，对网络信息安全立法工作的开展也有了全新的认识。

1. 网络信息安全立法较为健全

出于均衡考虑个人、社会和国家多方利益，俄罗斯在 20 世纪 90 年代逐渐出台各种法律法规，逐渐建立起相对完善的网络信息安全体制。同样俄罗斯也制定了不少纲领性文件，用于网络信息安全立法工作的顺利开展，如《俄罗斯联邦信息安全学说》和《俄罗斯联邦信息和信息化领域立法发展构想》。

前者主要概述了俄罗斯联邦在网络信息安全保障方面预期实现的目标、任务以及需遵循的原则和方针，也是联邦后续制定网络信息安全保障方面以及举办相关活动具体需要参照的理论指导。后者详细介绍了网络信息安全领域在其法制化建设过程中应当具备的基本条件和外部环境，同时在此基础上给出应当如何对俄罗斯的网络信息安全立法工作进行划分。

2. 职责清晰的管理机构和保卫机构

俄罗斯在很早之前就设立了国家安全通信和信息安全中心，而且配有专门的保密官，主要负责对联邦各主体信息安全进行指导、协调和管理。针对信息安全保障中的具体问题，俄罗斯设立了信息安全缺陷分析中心、信息安全专门调查会，专门负责对具体案件或内在规律等进行分析研究。

此外，俄罗斯还拥有世界知名的信息安全保障机构——卡巴斯基实验室，从软件、硬件等多方面构建俄罗斯信息安全防线。

参考文献

[1] 王睿，林海波等．网络安全与防火墙技术 [M]．北京：清华大学出版社，2000.

[2] 凌雨欣，常红．网络安全技术与反黑客 [M]．北京：冶金工业出版社，2001.

[3] 叶丹．网络安全实用技术 [M]．北京：清华大学出版社，2002.

[4] 黎连业，张维，向东明．防火墙及其应用技术 [M]．北京：清华大学出版社，2004.

[5] 周海刚．网络安全技术基础 [M]．北京：北京交通大学出版社，2004.

[6] 方勇．信息系统安全理论与技术 [M]．北京：高等教育出版社，2008.

[7] 俞承杭．计算机网络构建与安全技术 [M]．北京：机械工业出版社，2008.

[8] 吴晓平，魏国珩，陈泽茂，付钰．信息对抗理论与方法 [M]．武汉：武汉大学出版社，2008.

[9] 许伟，廖明武等．网络安全基础教程 [M]．北京：清华大学出版社，2009.

[10] 霍成义．网络与信息安全技术 [M]．哈尔滨：哈尔滨工程大学出版社，2009.

[11] 徐守志，陈怀玉，吴庆涛．网络与信息安全 [M]．北京：中国商务出版社，2009.

[12] 雷建云，张勇，李海凤．网络信息安全理论与技术 [M]．北京：中国商务出版社，2009.

[13] 李伟超．计算机信息安全技术 [M]．长沙：国防科技大学出版社，2010.

[14] 于莉莉，闫文刚，刘义．网络信息安全 [M]．哈尔滨：哈尔滨工程大学出版社，2011.

[15] 张青凤，张凤琴，蒋华等．信息存储安全理论与应用 [M]．北京：国防工业出版社，2012.

[16] 马建峰，沈玉龙．信息安全 [M]．西安：西安电子科技大学出版社，2013.

[17] 刘冬梅，迟学芝．网络信息安全 [M]．东营：中国石油大学出版社，2013.

[18] 叶清．网络安全原理 [M]．武汉：武汉大学出版社，2014.

[19] 张玉慧．网络信息检索与利用 [M]．北京：北京理工大学出版社，2014.

[20] 李芳，唐世毅．计算机网络安全教程 [M]．成都：西南交通大学出版社，2014.

[21] 刘永泰，胡艳慧．网络信息安全知识读本 [M]．太原：山西科学技术出版社，

2014.

[22] 向亦斌 . 网络融合下信息网络安全管理与教学研究 [M]. 北京：科学技术
文献出版社，2014.

[23] 谢小权等 . 大型信息系统信息安全工程与实践 [M]. 北京：国防工业出版
社，2015.

[24] 王凤英，程震 . 网络与信息安全 [M]. 北京：中国铁道出版社，2015.

[25] 耿新宇 . 计算机网络信息安全研究 [M]. 天津：天津科学技术出版社，2015.

[26] 赵建超 . 新编计算机实用信息安全技术 [M]. 北京：中国青年出版社，2016.

[27] 付钰等 . 信息对抗理论与方法 [M]. 武汉：武汉大学出版社，2016.

[28] 王舒毅 . 网络安全国家战略研究：由来、原理与抉择 [M]. 北京：金城出
版社，2016.

[29] 罗森林等 . 网络信息安全与对抗 [M]. 北京：国防工业出版社，2016.

[30] 李飞，吴春旺，王敏 . 信息安全理论与技术 [M]. 西安：西安电子科技大
学出版社，2016.

[31] 张砚春，赵立军，苑树波 . 网络信息安全 [M]. 济南：山东科学技术出版社，
2016.

[32] 梁松柏 . 计算机网络信息安全管理 [M]. 北京：九州出版社，2017.

[33] 陈清文 . 网络信息保存保护体系建设研究 [M]. 杭州：浙江工商大学出版
社，2017.

[34] 刘永铎，时小虎 . 计算机网络信息安全研究 [M]. 成都：电子科技大学出
版社，2017.

[35] 邹瑛 . 网络信息安全及管理研究 [M]. 北京：北京理工大学出版社，2017.

[36] 王辉，史永辉，王坤福 . 企业内部网络信息的安全保障技术研究 [M]. 长春：
吉林人民出版社，2017.

[37] 崔鹏 . 面向突发公共事件网络舆情的政府应对能力研究 [M]. 北京：经济
科学出版社，2018.

[38] 陈有富 . 网络信息资源的评价与检索 [M]. 郑州：河南人民出版社，2018.

[39] 陈红玉，刘光金，孟庆鑫 . 计算机技术与网络安全 [M]. 北京：中国纺织
出版社，2018.

[40] 初景利 . 网络用户与网络信息服务 [M]. 北京：海洋出版社，2018.

[41] 杨小溪 . 网络信息生态链价值管理研究 [M]. 武汉：华中师范大学出版社，
2018.

[42] 温翠玲，王金嵩 . 计算机网络信息安全与防护策略研究 [M]. 天津：天津
科学技术出版社，2019.

[43] 陈明红 . 网络信息生态系统信息资源优化配置研究 [M]. 北京：科学技术
     文献出版社，2019.

[44] 王越，罗森林 . 信息系统与安全对抗 [M]. 北京：高等教育出版社，2019.

[45] 许爽，晁妍，刘霞 . 计算机安全与网络教学 [M]. 北京：中国纺织出版社，
     2019.

[46] 王晓霞，刘艳云 . 计算机网络信息安全及管理技术研究 [M]. 北京：中国
     原子能出版社，2019.

[47] 燕妍 . 大数据时代下计算机网络信息安全问题解析 [J]. 计算机产品与流
     通，2020（11）：86.

[48] 张红梅 . 大数据时代计算机网络信息安全探讨 [J]. 信息系统工程，2020
     （09）：48-49.

[49] 畅许斌 . 关于计算机网络信息安全保密技术研究 [J]. 计算机产品与流通，
     2020（11）：97.

[50] 毕刚 . 计算机网络信息安全技术及其防护策略 [J]. 电脑编程技巧与维护，
     2020（09）：170-171+174.

[51] 李雯瑞 . 大数据环境下计算机网络信息安全防护措施研究 [J]. 信阳农林
     学院学报，2020，30（03）：109-112.

[52] 王跃华，胡梅，肖洁 . 网络信息安全及防护对策 [J]. 计算机安全，2013
     （07）：78-80.

[53] 陈韵 . 网络信息安全面临的挑战及治理对策研究 [J]. 网络安全技术与应
     用，2015（10）：9+12.

[54] 周斌 . 网络攻击的防范与检测技术研究 [J]. 电脑知识与技术，2010，6
     （13）：3326-3327.

[55] 肖振凯 . 信息化战争背景下战时网络信息管制立法初探 [J]. 法制与经济，
     2017（12）：181-183.

[56] 蔡豪 . 大数据背景下网络信息安全控制机制与评价研究 [J]. 无线互联科
     技，2021，18（07）：33-34.

[57] 裴斐 . 试析计算机网络安全技术与防范措施 [J]. 电脑编程技巧与维护，
     2016（17）：89-90.

[58] 李鹏 . 大数据背景下网络信息安全保障策略 [J]. 电子世界，2019（21）：
     84-85.

[59] 李振兵 . 防火墙技术对网络安全的影响 [J]. 中小企业管理与科技（上旬
     刊），2009（10）：291-292.